しくみ図解

危険物取扱が一番わかる

消防法上の危険物に関する法令、種類と特性、取扱いなどを解説

飯島晃良 著

技術評論社

はじめに

本書は、消防法上の「危険物」全般について、法令、特性、危険性、火災予防法などをやさしくまとめたものです。

「危険物」と聞くと、限られた方にしか関係しないもののように思えますが、実は多くの方の身近に存在します。例えば、ガソリン、軽油、灯油、エタノールは、消防法上の第４類の危険物です。これらの危険物は、私たちの生活に欠かせないものだと思います。その他にも、特殊なものも含めてさまざまな危険物があります。

危険物を扱っている身近な施設として、ガソリンスタンドがあります。実際には、工場、研究所、病院、ビル、医薬品、化粧品製造、小売店など、実に多くの施設で危険物を扱っています。このような場所での企業活動において欠かせないのは、危険物に対する安全な取扱いです。

事業所等において、安全な危険物取り扱いを行うための資格として、危険物取扱者という資格があります。日頃の業務において危険物に関係するすべての方々が危険物取扱者に相当する知識やスキルを身につけることで、職場の安全性が高まると考えられます。

本書では、危険物取扱者に求められるレベルに準じた内容で、消防法上の危険物全般に関する「法令、燃焼特性、性質、火災予防法、消火法」などを平易に解説しました。

本書をひととおり学ぶことで、消防法上のすべての危険物に関して、基本的な知識と取扱方法を理解していただけると思います。本書で学んだ後に、危険物取扱者試験の例題などご覧いただくと、正答できる問題が多くあることを実感していただけると思います。読者の皆様におかれましては、危険物取扱者試験の受験をご検討いただくこともお勧めいたします。本書が、危険物を学ぶ皆様のお役に立つことを願っております。

飯島　晃良

危険物取扱が一番わかる

目次

第3章 危険物の特性 ・・・・・・・・・・・・・・67

コラム｜目次

第1章

危険物とその法規制

「危険物」と聞くと、一般的にはガソリン、エタノール、水素ガス、プロパンガスなど、いろいろな物が思い浮かぶと思います。しかしながら、この中で水素ガスとプロパンは、危険物として消防法で規制をされているものではありません。本章では、消防法上の危険物とその法規制を理解し危険物の安全な管理と取扱い、並びに危険物取扱者試験の取得に向けた法令を学びます。

1-1 危険物

●危険物とは

危険物は、次のように消防法で規定されています。

消防法第2条第7項において、「消防法別表第一の品名欄に掲げる物品で、同表に定める区分に応じて、同表の性質欄に掲げる性状を有するもの」

参考のため、法別表第一を付録に記します。具体的には、危険物は表1-1-1に示すように、第1類から第6類の6つに類別されています。

表 1-1-1　危険物の全体概要

類　別	性質	状態	特徴	具体例
第１類	酸化性固体	固体	・それ自体は不燃物だが、分解して酸素を出して可燃物を強く酸化し燃焼させる。 ・可燃物と混合したものは、熱、摩擦、衝撃などを加えると激しく燃焼する。	塩素酸塩類 無機過酸化物 硝酸塩類 過マンガン酸塩類
第２類	可燃性固体	固体	・火炎によって着火しやすい固体 ・低温で引火しやすい固体	硫黄、赤リン、 金属粉、 引火性固体
第３類	自然発火性物質および禁水性物質	固体 液体	・空気や水と激しく反応し発火もしくは可燃性ガスを発生する。	カリウム ナトリウム 黄リン アルカリ金属
第４類	引火性液体	液体	・引火性を有する液体	特殊引火物 第１石油類 アルコール類 第２石油類 第３石油類 第４石油類 動植物油類

類　別	性質	状態	特徴	具体例
第５類	自己反応性物質	固体 液体	・低温で発熱し爆発的に反応が進行する。	有機過酸化物、硝酸エステル類、ニトロ化合物
第６類	酸化性液体	液体	・第１類と同様に、そのもの自体は燃焼し長い可燃物を酸化させる性質を持つ。 ・第１類との違いは液体であること。	過塩素酸 過酸化水素 硝酸

ここで重要なのは、次の事項です。

> 消防法上の危険物は、常温常圧（20℃、1 気圧）において、固体か液体です。気体のものは含まれません。

●危険物と危険物でないものの違い

危険物とそうでないものの例を図 1-1-1 に示します。常温常圧で気体である、水素ガス、プロパンガス、都市ガス、液化石油ガス、アセチレンなどは、消防法上の危険物ではありません。

図 1-1-1　危険物と危険物でないもの

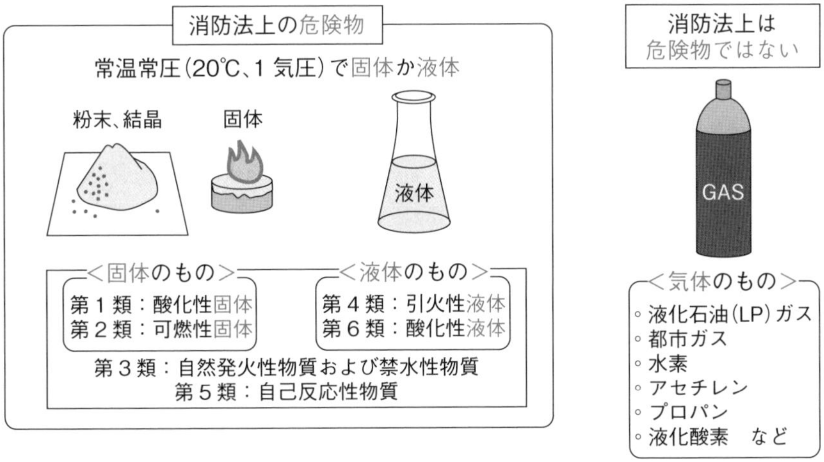

出典：飯島晃良著、らくらく突破乙種第１・２・３・５・６類危険物取扱者合格テキスト＋問題集、技術評論社

1-2 危険物の一覧

●第 1 類の危険物：酸化性固体

第 1 類の危険物の品名を表 1-2-1 に示します。第 1 類の危険物は、固体であり、酸化力の潜在的な危険性を判断する試験または衝撃に対する敏感性を判断する試験において政令で定める性状を有するものが該当します。

具体的には、塩素酸塩類、過塩素酸塩類のように、○○酸塩類と呼ばれるものが多く該当します。

表 1-2-1　第 1 類の危険物の品名

品　名		特　徴
1. 塩素酸塩類	2. 過塩素酸塩類	固体であり、酸化力の潜在的な危険性を判断する試験または衝撃に対する敏感性を判断する試験において政令で定める性状を有するもの。
3. 無機過酸化物	4. 亜塩素酸塩類	
5. 臭素酸塩類	6. 硝酸塩類	
7. よう素酸塩類	8. 過マンガン酸塩類	
9. 重クロム酸塩類		
10. その他のもので政令で定めるもの（過よう素酸塩類他）。		
11. 前各号に掲げるもののいずれかを含有するもの。		

●第 2 類の危険物：可燃性固体

第 2 類の危険物の品名を表 1-2-2 に示します。第 2 類の危険物は、固体であり、火炎による着火の危険性を判断する試験または引火の危険性を判断するための試験において政令で定める引火性を有するものが該当します。

具体的には、硫化りん、赤りん、硫黄のほか、鉄粉などの金属も含まれます。鉄粉、金属粉、マグネシウムについては、塊のものではなく、あるサイズよりも小さい粉末や微細なものが危険物に該当します（詳細は第 4 章を参照）。また、ゴムのりのように、高い粘性がある液状のものも、可燃性固体に分別されています。

表 1-2-2　第 2 類の危険物の品名

品　名	特　徴
1. 硫化りん　2. 赤りん　3. 硫黄 4. 鉄粉　5. 金属粉　6. マグネシウム 7. その他のもので政令で定めるもの。 8. 前各号に掲げるもののいずれかを含有するもの。 9. 引火性固体（固形アルコール、ゴムのりなど）	固体であり、火炎による着火の危険性を判断する試験または引火の危険性を判断するための試験において政令で定める引火性を有するもの。

●第 3 類の危険物：自然発火性物質および禁水性物質

第 3 類の危険物の品名を表 1-2-3 に示します。第 3 類の危険物は、固体または液体で、空気中での発火の危険性を判断する試験または水と接触して発火したり可燃性ガスを発する危険性を判断する試験で政令で定める性状を有するものが該当します。

具体的には、カリウム、ナトリウム、などのアルカリ金属、黄りん、アルカリ土類金属、有機金属化合物などが含まれます。これらの物質は、空気中で自然発火するものや、水をかけると激しく反応して水素などの可燃性ガスを放出するものなどが含まれ、空気や水との接触に特に注意が必要な危険物です。

表 1-2-3　第 3 類の危険物の品名

品　名	特　徴
1. カリウム 2. ナトリウム 3. アルキルアルミニウム 4. アルキルリチウム 5. 黄りん 6. アルカリ金属（カリウム、ナトリウムを除く）およびアルカリ土類金属 7. 有機金属化合物（アルキルアルミニウムおよびアルキルリチウムを除く） 8. 金属の水素化物 9. 金属のりん化物 10. カルシウムまたはアルミニウムの炭化物 11. その他のもので政令で定めるもの（塩素化けい素化合物）。 12. 前各号に掲げるもののいずれかを含有するもの。	固体または液体で、空気中での発火の危険性を判断する試験または水と接触して発火したり可燃性ガスを発する危険性を判断する試験で政令で定める性状を有するもの。

●第 4 類の危険物：引火性液体

第 4 類の危険物の品名を表 1-2-4 に示します。第 4 類の危険物は、定められた引火点測定器で引火点を測定する試験を行った結果、引火点を有するものが該当します。

具体的には、表 1-2-4 の品名欄に示す 7 種類の品名が該当します。第 4 類の危険物は、基本的に引火点（引火する最低の液体温度）で規定されますので、表 1-2-4 には引火点などの範囲を示しています。特殊引火物、第 1 石油類、第 2 石油類の順に、表 1-2-4 の上から下に行くほど基本的には引火点が高くなります。

第 4 類の危険物は、世の中で最も多く出回っています。身近な例では、ガソリン、灯油、軽油、重油、エタノールなどが該当します。

表 1-2-4　第 4 類の危険物の品名

品　名	特　徴
1. 特殊引火物（ジエチルエーテル、二硫化炭素等）	発火点 100℃以下または 引火点－ 20℃以下で沸点 40℃以下のもの。
2. 第 1 石油類（ガソリン、アセトン等）	引火点 21℃未満
3. アルコール類（メタノール、エタノール等）	C_1 ～ C_3 までの飽和一価アルコール （水溶液の場合、濃度 60% 未満は除く）
4. 第 2 石油類（灯油、軽油等）	引火点 21℃以上 70℃未満
5. 第 3 石油類（重油、クレオソート油等）	引火点 70℃以上 200℃未満
6. 第 4 石油類（ギヤー油、シリンダー油等）	引火点 200℃以上 250℃未満
7. 動植物油類（ヤシ油、アマニ油等）	引火点 250℃未満のもの。

●第５類の危険物：自己反応性物質

第５類の危険物の品名を表1-2-5に示します。第５類の危険物は、固体または液体であって、爆発の危険性を判断する試験または加熱分解の激しさを判断するための試験において政令で定める性状を有するものが該当します。

具体的には、有機過酸化物、硝酸エステル類、ニトロ化合物などが含まれます。これらの物質は、可燃物と酸化剤が共存しているものが多く、周りから酸素を供給しなくても燃焼します。また、燃焼は爆発的に進行します。

表1-2-5　第５類の危険物の品名

品　名	特　徴
1. 有機過酸化物　　2. 硝酸エステル類 3. ニトロ化合物　　4. ニトロソ化合物 5. アゾ化合物　　6. ジアゾ化合物 7. ヒドラジンの誘導体　　8. ヒドロキシルアミン 9. ヒドロキシルアミン塩類 10. その他のもので政令で定めるもの（金属のあじ化物他）。 11. 前各号に掲げるもののいずれかを含有するもの。	固体または液体であって、爆発の危険性を判断する試験または加熱分解の激しさを判断するための試験において政令で定める性状を有するもの。

●第６類の危険物：酸化性液体

第６類の危険物の品名を表1-2-6に示します。第６類の危険物は、液体であって、酸化力の潜在的な危険性を判断するための試験において政令で定める性状を有するものが該当します。

具体的には、過塩素酸、過酸化水素、硝酸などが含まれます。これらの物質は、強い酸化性と腐食性を有します。可燃物との混合はもちろんですが、皮膚などへの付着や人体への吸入を防ぐ必要があります。

表1-2-6　第６類の危険物の品名

品　名	特　徴
1. 過塩素酸 2. 過酸化水素 3. 硝酸 4. その他のもので政令で定めるもの（ハロゲン間化合物）。 5. 前各号に掲げるもののいずれかを含有するもの。	液体であって、酸化力の潜在的な危険性を判断するための試験において政令で定める性状を有するもの。

1-3 危険物の指定数量

●指定数量とは

危険物は第１類から第６類に分類され、さらに各類の中でさまざまなものがあります。それぞれの危険物ごとに、危険の度合いが違います。そのため、単に危険物の種類と数量を並べただけでは、どの程度の危険度合いなのかはわかりません。例えば、ガソリン200ℓと重油1000ℓを比べたとき、ガソリンと重油とで性質や危険度が異なるため、量だけではそれぞれがどの程度の危険度合いなのかを比べるのが難しくなります。

そこで、危険物の品名ごとに、その危険度合いを勘案して政令で基準となる数量が定められています。これを**指定数量**と呼びます。

危険物の品名ごとに、危険物の数量を指定数量で割ることで、「危険物が指定数量の何倍あるか？」を計算します。これを**指定数量の倍数**と呼びます。指定数量の倍数で比べれば、異なる品名の危険物の危険度合いを同じ基準で調べることができます。危険物の指定数量を表1-3-1に示します。

一例として、第４類の危険物を見ると、第１石油類よりも第２類の指定数量が大きく、第２石油類よりも第３石油類の指定数量が大きいことがわかります。

つまり、指定数量2000ℓの第３石油類よりも、指定数量1000ℓの第２石油類のほうが２倍程度危険、同じく第２石油類よりも第１石油類のほうが危険であると判断できます。その主な理由は、引火点の違いです。第３石油類、第２石油類、第１石油類の順に引火点が低くなり、より低い温度でも引火が起こるため、危険度合いが高いと判断されます。そのため、第１石油類の指定数量が低くなっています。

表 1-3-1　危険物の指定数量（政令別表第三）

種別	品　名	性　質（重要物品名の例）	指定数量
第 1 類		第 1 種酸化性固体	50 kg
		第 2 種酸化性固体	300 kg
		第 3 種酸化性固体	1,000 kg
第 2 類	硫化りん		100 kg
	赤りん		
	硫黄		
		第 1 種可燃性固体	
	鉄粉		500 kg
		第 2 種可燃性固体	
	引火性固体		1,000 kg
第 3 類	カリウム		10 kg
	ナトリウム		
	アルキルアルミニウム		
	アルキルリチウム		
		第 1 種自然発火性物質および禁水性物質	
	黄りん		20 kg
		第 2 種自然発火性物質および禁水性物質	50 kg
		第 3 種自然発火性物質および禁水性物質	300 kg
第 4 類	特殊引火物	（ジエチルエーテル、二硫化炭素等）	50 ℓ
	第 1 石油類	非水溶性（ガソリン、ベンゼン、トルエン等）	200 ℓ
		水溶性（アセトン 等）	400 ℓ
	アルコール類	（メチルアルコール、エチルアルコール 等）	400 ℓ
	第 2 石油類	非水溶性（灯油、軽油 等）	1,000 ℓ
		水溶性（酢酸 等）	2,000 ℓ
	第 3 石油類	非水溶性（重油、クレオソート油 等）	2,000 ℓ
		水溶性（グリセリン 等）	4,000 ℓ
	第 4 石油類	（ギヤー油、シリンダー油 等）	6,000 ℓ
	動植物油類	（ヤシ油、アマニ油 等）	1,0000 ℓ
第 5 類		第 1 種自己反応性物質	10 kg
		第 2 種自己反応性物質	100 kg
第 6 類	過酸化水素 , 硝酸等		300 kg

●指定数量との倍数を求める

「貯蔵や取扱いをしている危険物が、指定数量の何倍なのか」を**指定数量の倍数**と呼び、次の方法で計算されます。

指定数量の倍数の計算法

■貯蔵する危険物が1種類（例えば、危険物A）のとき

$$\text{指定数量の倍数}=\frac{\text{危険物[A]の貯蔵量}}{\text{危険物[A]の指定数量}}$$

■貯蔵する危険物が2種類以上（例えば、危険物A、B、Cの3種類）のとき

$$\text{指定数量の倍数}=\frac{\text{危険物[A]の貯蔵量}}{\text{危険物[A]の指定数量}}+\frac{\text{危険物[B]の貯蔵量}}{\text{危険物[B]の指定数量}}+\frac{\text{危険物[C]の貯蔵量}}{\text{危険物[C]の指定数量}}$$

つまり、それぞれの危険物の倍数を単独で計算し、それらを合計すればよいことになります。一例として、次の場合の指定数量の倍数を求めてみましょう。

(例題)　同一の危険物屋内貯蔵所において、エタノールを800ℓ、アセトンを200ℓ、ガソリンを1000ℓ貯蔵しているとき、指定数量の倍数を求めましょう。

(解答)　まず、エタノールはアルコール類なので、指定数量は400ℓ、アセトンは第1石油類の水溶性物品なので、指定数量は400ℓ、ガソリンは第1石油類の非水溶性物品なので、指定数量は200ℓです。

よって、指定数量の倍数は次のようになります。

$$\text{指定数量の倍数}=\frac{\text{エタノールの貯蔵量}}{\text{エタノールの指定数量}}+\frac{\text{アセトンの貯蔵量}}{\text{アセトンの指定数量}}+\frac{\text{ガソリンの貯蔵量}}{\text{ガソリンの指定数量}}$$

$$=\frac{800}{400}+\frac{200}{400}+\frac{1000}{200}$$

$$=2+0.5+5$$

$$=7.5$$

以上のように、指定数量の 7.5 倍の危険物を貯蔵していることになります。

身近な危険物の指定数量をイメージしてみよう

私たちに身近な危険物として、次のものがあげられます。

・ガソリン（第 4 類、第 1 石油類、非水溶性）：指定数量 200 ℓ
・メタノール、エタノール（第 4 類、アルコール類）：指定数量 400 ℓ
・灯油、軽油（第 4 類、第 2 石油類、非水溶性）：指定数量 1000 ℓ
・重油（第 4 類、第 3 石油類、非水溶性）：指定数量 2000 ℓ

200 ℓ は、ドラム缶 1 本の容量です。そのため，次のように考えればどの程度の量なのかがイメージしやすいでしょう。
・ガソリン：ドラム缶 1 本
・メタノール、エタノール：ドラム缶 2 本
・灯油、軽油：ドラム缶 5 本
・重油：ドラム缶 10 本

1-4 危険物と消防法

●指定数量以上の危険物を貯蔵・取扱いする場合

指定数量を基準に、適用される法規制が異なります。指定数量以上の危険物を貯蔵または取扱う際には、消防法等（「消防法」、「危険物の規制に関する政令」、「危険物の規制に関する規則」、「危険物の規制に関する技術上の基準の細目を定める告示」）による規制が適用され、細部にわたって技術上の基準が定められています。

扱う場所：許可を受けた製造所等で貯蔵・取扱いを行う必要がある。
扱い方：危険物取扱者やその立会いを受けた者が扱う必要がある。

図 1-4-1　指定数量以上の危険物の貯蔵・取扱い

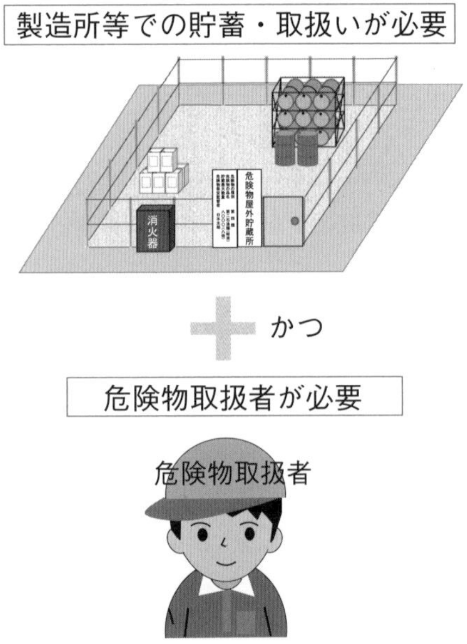

●指定数量未満の危険物を貯蔵・取扱いする場合

各市町村の「火災予防条例（市町村条例）」によって、「少量危険物の貯蔵・取扱い」として規制されています。

図 1-4-2　指定数量未満の危険物の貯蔵・取扱い

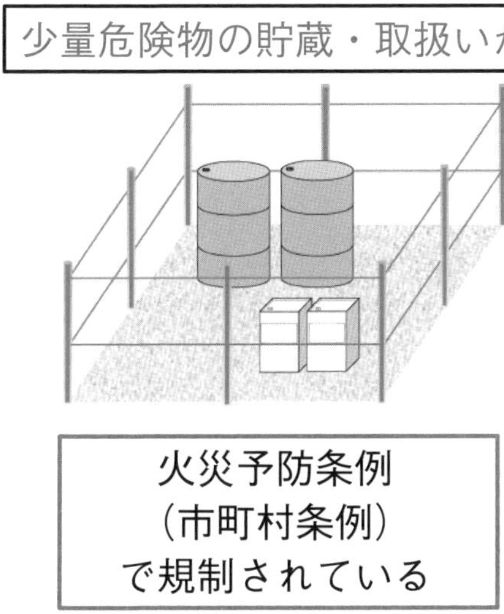

●危険物を運搬する場合

数量に関係なく（指定数量未満でも）、消防法などによって技術上の基準が定められています。

図 1-4-3　危険物の運搬

●適用除外

航空機、船舶、鉄道または軌道による危険物の貯蔵・取扱い・運搬の場合、消防法による規制が適用されません（これらは、航空法・船舶安全法・鉄道営業法・軌道法で危険物に関する規制がなされているため）。

図 1-4-4　消防法等の適用除外

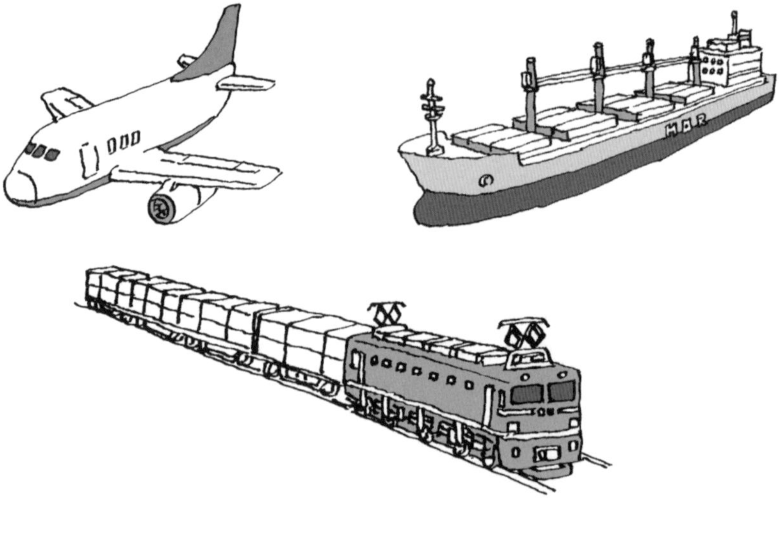

1-5 危険物製造・貯蔵・取扱い施設

●製造所等とは

指定数量以上の危険物は、消防法などによって規制されることを学びました。具体的には、市町村長等の許可を受けたうえで、製造所等と呼ばれる専用の施設での貯蔵・取扱いが求められます。**製造所等**とは、それらの施設を指し、合計で12種類に分けられます。どのような施設があるのか理解しましょう。

●製造所等の一覧

12種類ある製造所等の一覧を表1-5-1に示します。

表 1-5-1　製造所等の一覧

製造所	①製造所	危険物を製造する施設
貯蔵所 (計７種)	②屋内貯蔵所	屋内で貯蔵する施設
	③屋外タンク貯蔵所	屋外のタンクで貯蔵する施設
	④屋内タンク貯蔵所	屋内のタンクで貯蔵する施設
	⑤地下タンク貯蔵所	地下のタンクで貯蔵する施設
	⑥簡易タンク貯蔵所	簡易タンクで貯蔵する施設
	⑦移動タンク貯蔵所	車両固定タンク（タンクローリー）で貯蔵する施設
	⑧屋外貯蔵所	屋外で貯蔵する施設
取扱所 (計４種)	⑨給油取扱所	ガソリンスタンド等
	⑩販売取扱所	店舗で容器入りのまま危険物を販売する施設
	⑪移送取扱所	パイプラインで危険物を移送する施設
	⑫一般取扱所	⑨⑩⑪以外の取扱所

製造所

その名のとおり、危険物を製造する施設です。

例）製油所

屋内貯蔵所

屋内において、危険物の貯蔵・取扱いを行う施設です。

例）ドラム缶、一斗缶などに入った灯油、軽油、アセトンなどの第4類の危険物を、指定数量以上貯蔵する屋内貯蔵庫

屋外タンク貯蔵所

屋外に設置されたタンクを用いて、危険物の貯蔵･取扱いを行う施設です。

例）屋外貯蔵タンクに指定数量以上の重油を貯蔵

屋内タンク貯蔵所

屋内に設置されたタンクを用いて、危険物の貯蔵･取扱いを行う施設です。

地下タンク貯蔵所

地盤面下（地下）に埋没されたタンクにて危険物の貯蔵・取扱いを行う施設です。

簡易タンク貯蔵所

容量600ℓ以下の簡易タンクにて危険物の貯蔵・取扱いを行う施設です。

移動タンク貯蔵所

車両に固定されたタンクにて危険物の貯蔵・取扱いを行う施設です。

屋外貯蔵所

屋外において危険物の貯蔵・取扱いを行う施設です。

給油取扱所

給油設備を用いて自動車等に危険物を給油する施設です。

販売取扱所

店舗において容器入りの危険物を販売するために危険物を取扱う施設です。

移送取扱所

配管・ポンプ設備などによって危険物を移送するために、危険物を取扱う施設です。

一般取扱所

給油取扱所、販売取扱所、移送取扱所以外の取扱所を指します。

暮らしの中で身近な施設

製造所等は、合計で12種ありますが，私たちに身近な危険物として、次のものがあげられます。

- 給油取扱所：ガソリンスタンドがこれに該当する。ガソリンスタンドの中に「危険物給油取扱所」と書かれた掲示が必ずある。
- 移動タンク貯蔵所：タンクローリーのこと。製油所からガソリンスタンドに、ガソリンや軽油などを運ぶタンクローリーを見たことがあるのではないか。

1-6 危険物に関る各種申請

●製造所等の設置または変更の手続き

製造所等を設置したり、変更したりする際には、市町村長等の許可が必要です。具体的な手続きのフローを図 1-6-1 に示します。

図 1-6-1　製造所等の設置フロー

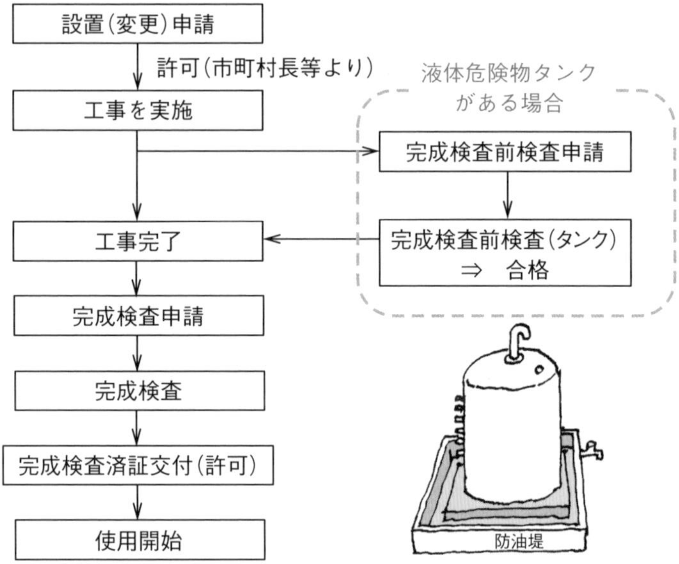

液体の危険物を貯蔵するタンクを持たない施設の場合

屋内貯蔵所、屋外貯蔵所など、液体の危険物を貯蔵するタンクを持たない施設の場合には、市町村長等に設置申請を行い、工事の許可が出たら工事を行います。工事が完了した段階ではまだ施設は使用できません。市町村長等に対して完成検査の申請を行い、完成検査を受けます。その結果、完成検査済証が交付されると、市町村長等から許可が出たことになり、施設を使用することができます。

液体危険物タンクを持つ施設の場合

屋外タンク貯蔵所、移動タンク貯蔵所、地下タンク貯蔵所など、**液体危険物タンク**を持つ施設においては、完成検査を受ける前に完成検査前検査を受けなければなりません。

●仮使用の手続き

製造所等の一部を変更するために工事を行うとします。そのとき、施設全体を止めてしまうと、その間の営業がストップしてしまいます。そのような場合に、工事期間中にも、その工事に無関係な部分を使用することができます。これを**仮使用**と呼びます。仮使用を行うためには、市町村長等の承認を受ける必要があります。

例えば、図 1-6-2 に示すように、ガソリンスタンド（給油取扱所）の整備作業を行うピットの変更工事をする際、給油を行う部分は工事に無関係のため、市町村長等の承認を得れば、工事期間中も給油の営業を続けることができます。

図 1-6-2　仮使用のイメージ

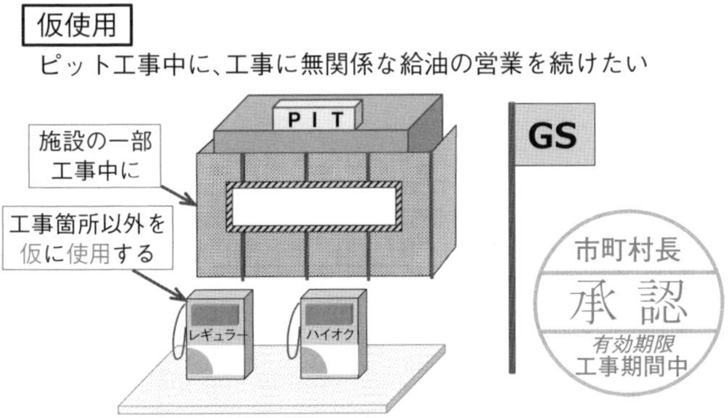

●仮貯蔵・仮取扱いの手続き

指定数量以上の危険物は、市町村長等の許可を受けた製造所等で扱う必要があります。しかし、一時的に指定数量以上の危険物の貯蔵・取扱いをしたい場合に、わざわざ製造所等を設置しなければならないのは現実的ではありません。そのような場合に、図 1-6-3 に示すように、所轄の消防長または消防署長の承認を受けるとこで、10 日以内の間、製造所等以外の場所で指定数量以上の危険物の貯蔵・取扱いが可能です。

図 1-6-3　仮貯蔵・仮取扱いのイメージ

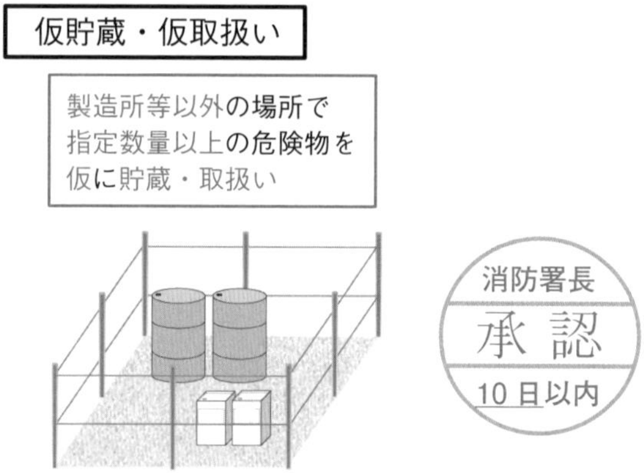

「仮使用」と「仮貯蔵・仮取扱い」の手続きを表 1-6-1 に示します。

表 1-6-1　「仮使用」と「仮貯蔵・仮取扱い」の手続きの比較

手続き	項目	許可権者	有効期間
承認	仮使用	市町村長等	工事期間中
	仮貯蔵・仮取扱い	消防長または消防署長	10 日以内

●届出が必要な手続き

表 1-6-2 に示す事項に該当する場合には、市町村長等への届出が必要です。

表 1-6-2　届出が必要な手続き

手続き	項目	許可権者	届出の時期
届出	危険物の品名・数量・指定数量の倍数を変更するとき。	市町村長等	変更しようとする日の 10 日前までに。
	危険物保安監督者を選任・解任するとき。		遅延なく
	危険物保安統括管理者を選任・解任するとき。		
	製造所等を譲渡または引渡しするとき。		
	製造所等の用途を廃止するとき。		

次の 5 つのケースに該当する場合には、市町村長等への届け出が必要です。

①貯蔵または取扱う危険物の「品名・数量・指定数量の倍数」変更
②危険物保安統括管理者の選解任
③危険物保安監督者の選解任
④製造所等の譲渡または引渡し
⑤製造所等の用途の廃止

この中で、『①貯蔵または取扱う危険物の「品名・数量・指定数量の倍数」変更』のときのみ、10 日前までの届出が必要です。それ以外の②～⑤の場合には、遅延なく届出をします。

●認可が必要な手続き

製造所等の種類や取扱数量によっては、施設の火災予防のための自主的な保安基準である**予防規程**を定める必要があります。予防規程を定めたり変更したりする際には、市町村長等の認可が必要です。

1-7 市町村長等とは誰のことか

●許可権者

製造所等の設置や変更の許可、仮使用の承認、予防規程の認可、各種届出の許可権者は、市町村長等です。**市町村長等**とは、市長・町長・村長だけではありません。状況に応じて、都道府県知事と総務大臣が含まれます。それでは、どのような場合に都道府県知事や総務大臣が許可権者になるのでしょうか。この考え方として、『管轄外にもまたがる施設には許可できない』と理解しましょう。管轄外の区域にまたがる場所に設置される場合には、その両方を管轄している都道府県知事や総務大臣が許可権者になります。

図 1-7-1 に、さまざまなケースでの許可権者を示します。

図 1-7-1　許可権者

	製造所等の設置場所	許可権者（申請先）
ケース 1	消防本部等を設置していない市町村内	都道府県知事
ケース 2	消防本部等を設置する市町村内	市町村長
ケース 3	2 以上の市町村にまたがって設置	都道府県知事
ケース 4	2 以上の都道府県にまたがって設置	総務大臣

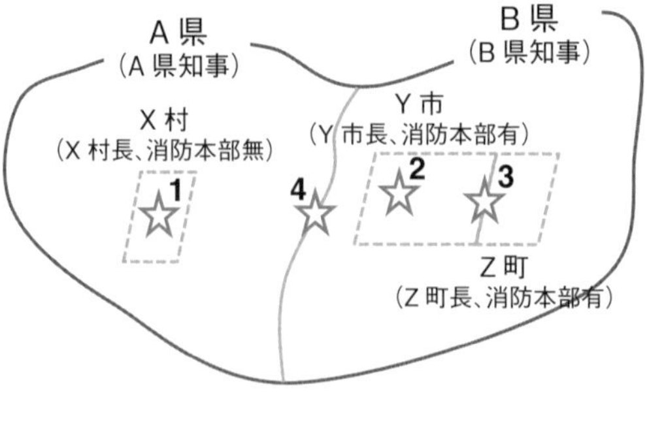

Case 1：X 村には消防本部がない
→A 県知事

Case 2：Y 市には消防本部がある
→Y 市長

Case 3：Y 市と Z 町にまたがっている
(Y 市長も Z 町長も管轄外の部分がある)
→B 県知事

Case 4：A 県と B 県にまたがっている
(A 県知事も B 県知事も管轄外の部分がある)
→総務大臣

ケース１：消防本部を設置していない市町村内に設置する場合は、消防署を持たないため、その市町村長では許可を得ることができる。その場合、都道府県知事が許可権者になる。

ケース２：消防本部を設置する市町村内に設置する場合は、当該市町村長が許可権者になる。

ケース３：2以上の市町村にまたがって設置される施設（移送取扱所が該当します）の場合は、どちらの市町村長にも管轄外の部分が含まれてしまうため、それらの区域を一括で管轄している都道府県知事が許可権者になる。

ケース４：2以上の都道府県にまたがって設置される施設（移送取扱所が該当します）の場合は、どちらの都道府県知事にも管轄外の部分が含まれてしまうため、総務大臣が許可権者になる。

以上のように、管轄を意識して考えれば、だれが許可権者になるのかがわかりやすいでしょう。

許可権者の考え方

危険物の関する法令で、製造所等の設置・変更などを行う際には「市町村長等」が許可権者になります。その他、1-9節で学びますが、危険物取扱者の免状交付などは都道府県知事が行います。つまり、次のように整理しておくとわかりやすいです。

- 製造所等(危険物施設)に関連する事項:市町村長等とのやりとりになる。
- 危険物取扱者免状（人に関すること）に関する事項：都道府県知事とのやりとりになる。

1-8 危険物取扱者とは

●危険物取扱者が必要なとき

指定数量以上の危険物を貯蔵または取扱う際には、製造所等と呼ばれる施設が必要であることを学びました。製造所等での危険物の取扱いには、危険物取扱者が必要になります。

●危険物取扱者の種類

危険物取扱者の種類を表1-8-1に示します。危険物取扱者は、甲種危険物取扱者、乙種危険物取扱者、丙種危険物取扱者の3つに大別されます。

危険物取扱者の役割として、大きく分けて次の2つがあります。

・危険物を自ら取扱う。
・危険物取扱者でない者の危険物取扱作業に立ち会う。

甲種または乙種の危険物取扱者が立ち会えば、危険物取扱者ではない者が危険物取扱作業を行うことができます。

甲種危険物取扱者：甲種危険物取扱者は、第1類から第6類までのすべての危険物の取扱いと立ち合いができる。

乙種危険物取扱者：乙種危険物取扱者は、第1類から第6類の6つの類ごとに定められる。つまり、乙種第1類危険物取扱者、乙種第2類危険物取扱者、乙種第3類危険物取扱者、乙種第4類危険物取扱者、乙種第5類危険物取扱者、乙種第6類危険物取扱者に分かれる。乙種危険物取扱者は、取得した類の危険物の取扱いと立ち合いができる。

丙種危険物取扱者：丙種危険物取扱者は、第4類のうちの指定された危険物を扱うことができる。ただし、丙種危険物取扱者は、立ち合いはできない。

丙種危険物取扱者が扱うことができる危険物

ガソリン、灯油、軽油、第3石油類（重油、潤滑油および引火点130℃以上の物に限る)、第4石油類、動植物油類

以上の内容をまとめると、表1-8-1のようになります。

表 1-8-1　危険物取扱免状の種類と扱える危険物

種	類	取扱い可能な危険物	立会い可能な危険物
甲	―	すべての危険物（第1類～第6類）	
乙	1	取得した類の危険物	
	2		
	3		
	4		
	5		
	6		
丙	―	第4類のうちの指定された危険物 ガソリン、灯油、軽油、第3石油類（重油、潤滑油および引火点130℃以上の物に限る)、第4石油類、動植物油類	立会いはできない。

1-9 危険物取扱者免状関連の手続き

●危険物取扱者になるには

危険物取扱者になるには、次の条件を満たすことが必要です。

「都道府県知事が行う危険物取扱者試験に合格し、都道府県知事から免状の交付を受ける」

つまり、試験に合格しただけでは危険物取扱者ではありません。合格後、都道府県知事に交付申請を行い、免状が交付されたら危険物取扱者になります。

●免状の交付

免状の交付を受ける場合、受験した（試験に合格した）都道府県知事に対して免状の交付申請を行います。試験は都道府県ごとに実施しています。つまり都道府県ごとに独立しているため、受験した都道府県以外に申請しても免状は交付されません。

●免状の書き換え

免状への記載事項に変更がある場合には、免状の書き換えが必要です。免状のイメージを図 1-9-1 に示します。

図 1-9-1　免状の例

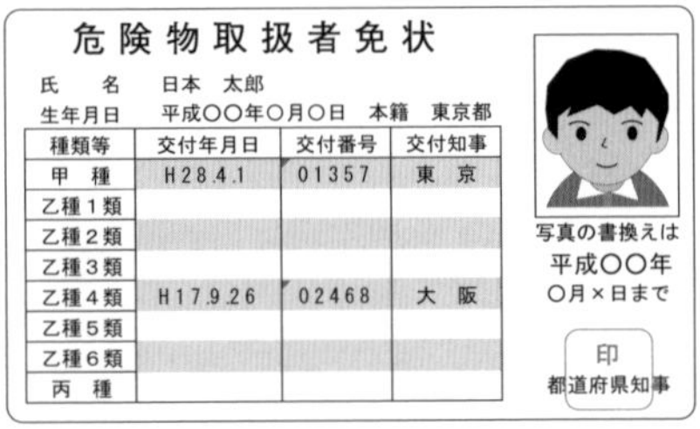
危険物取扱者免状

氏　名　日本　太郎

生年月日　平成○○年○月○日　本籍　東京都

種類等	交付年月日	交付番号	交付知事
甲　種	H28.4.1	01357	東　京
乙種１類			
乙種２類			
乙種３類			
乙種４類	H17.9.26	02468	大　阪
乙種５類			
乙種６類			
丙　種			

写真の書換えは

平成○○年

○月×日まで

印

都道府県知事

免状に記載されているのは、次の事項です。

①氏名
②生年月日
③本籍地の都道府県
④取得している免状の種類・交付日・交付知事
⑤顔写真

この中で、変更になる可能性があるのは、①氏名、②本籍地、③顔写真（顔も徐々に変化する）の3点です。この3点が変更になる場合に、書換えが必要です。ただし、顔写真については、10年ごとに変更すると決められています。

書換えの場合、「交付した」、「居住地の」、「勤務地の」都道府県知事に申請ができます。書換えの場合、元の免状があるので、交付をした都道府県知事以外でも対応が可能です。

●免状の再交付

次の場合に、免状の再交付を行います。

①免状を亡失
②免状を滅失
③免状を汚損
④免状を破損

この場合、免状の情報が失われているため、その危険物取扱者の情報を持っている「交付した都道府県」か「書き換えをした都道府県」で再交付を受けます。

●再交付を受けた後に亡失した免状を発見した場合

免状を亡失して再発行を受けた後に、亡失した免状を発見した場合には、10日以内に再交付を受けた都道府県に提出します。

●免状の返納

消防法または消防法に基づく命令の規定に違反している場合、都道府県知事から免状の返納を命ぜられます。免状の返納命令を受けたら、直ちに危険物取扱者資格を喪失します。

●免状の不交付

次の事項に該当する場合には、免状が交付されません。

- 過去に免状の返納を命じられ、その日から起算して1年が経過しない場合。
- 消防法または消防法に基づく命令の規定に違反して罰金刑以上の刑に課せられ、その執行が終わってから2年を経過しない者。

1-10 保安講習

●保安講習の受講対象者

危険物取扱作業に従事する危険物取扱者は、定期的に保安講習を受講しなければなりません（表 1-10-1、図 1-10-1）。つまり、以下の場合には、保安講習の受講義務はありません。

保安講習の受講義務がない場合

・危険物取扱者であるが、危険物の取扱業務に従事していない。

・危険物取扱者ではないが、危険物取扱業務に従事している（危険物取扱者の立会いのもとで、危険物取扱業務に従事している）。

表 1-10-1　保安講習の受講対象者

	危険物取扱者	危険物取扱者でない
危険物取扱作業に従事している。	A 受講が必要	C 受講不要
危険物取扱作業に従事していない。	B 受講不要	D 受講不要

図 1-10-1　保安講習の受講対象者

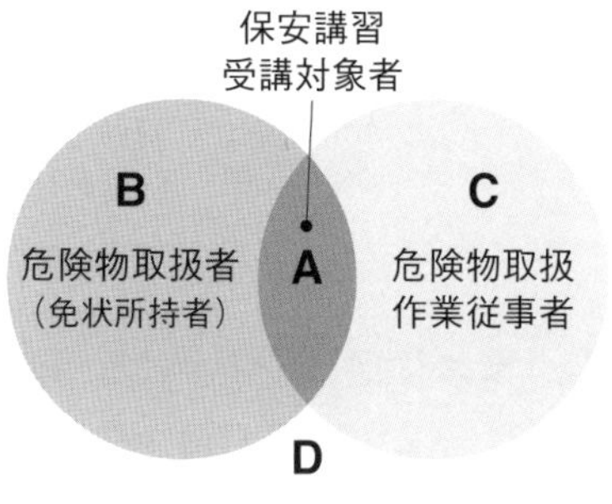

●受講場所

保安講習は、危険物取扱者試験と同じように、都道府県ごとに実施しています。免状と同じく全国で有効のため、全国のどの都道府県で受講しても構いません。

●受講の時期

そもそも、危険物取扱業務に従事していない危険物取扱者は、保安講習を受ける必要はありません。危険物取扱業務に従事するタイミングによって、受講の時期が変わってきます。

継続して危険物取扱作業に従事している場合

免状交付または保安講習受講日以降の最初の4月1日から3年以内に受講します。

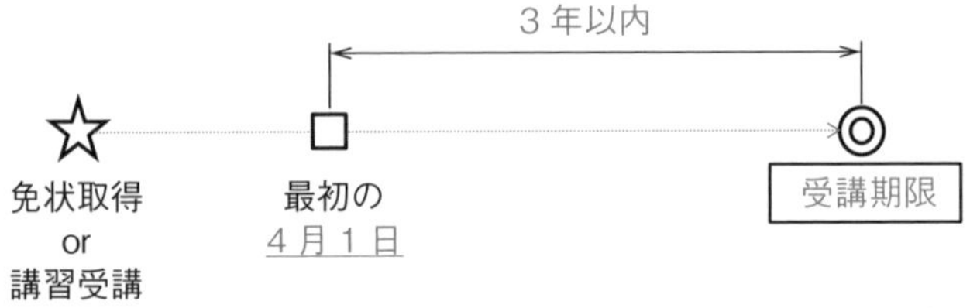

新たに危険物取扱作業に従事することになった場合

従事することになった日から1年以内に受講します。

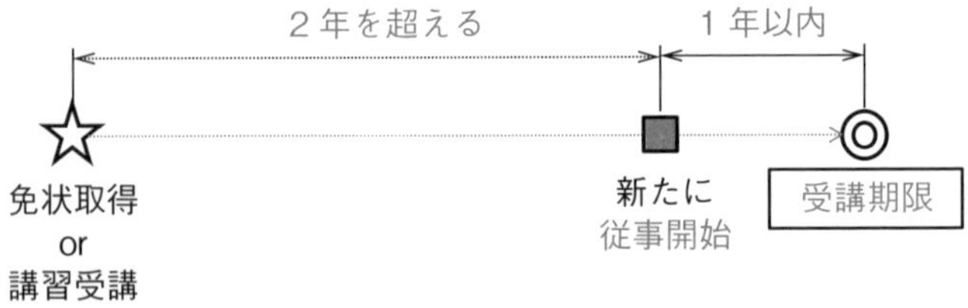

ただし、危険物の取扱作業に従事することになった日の過去2年以内に免状の交付または保安講習を受けている場合は、免状交付日または保安講習受講日以降の最初の4月1日から3年以内に受講します。

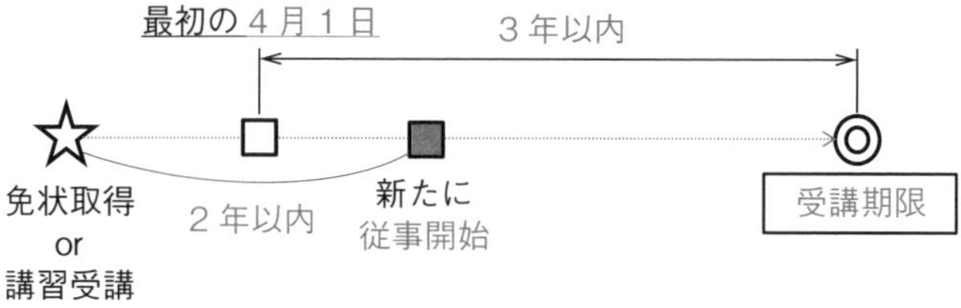

保安講習は都道府県ごとに実施されています

すでに説明したように、保安講習は都道府県ごとに計画され、実施されています。危険物取扱作業に従事する危険物取扱者は、３年に１回受講する必要があります。保安講習会の開催日時や頻度は都道府県によってまちまちです。そのため、うっかりしていると「自身の保安講習の受講期限内に次の保安講習会が開催されない」といった事態も起こり得ます。その場合、他の都道府県で実施される保安講習をわざわざ受けにいかなければならないこともあります。保安講習の受講対象になっている方は、次の保安講習受講時期を確認して、余裕をもって受講計画を行うとよいでしょう。

1-11 危険物の保安管理

●危険物の保安体制

製造所等の種類や取扱数量などに応じて、以下の役割を持った人を選任する必要があります。

①危険物保安監督者
②危険物保安統括管理者
③危険物施設保安員

これらの役割分担のイメージを図 1-11-1 に示します。

図 1-11-1　保安体制

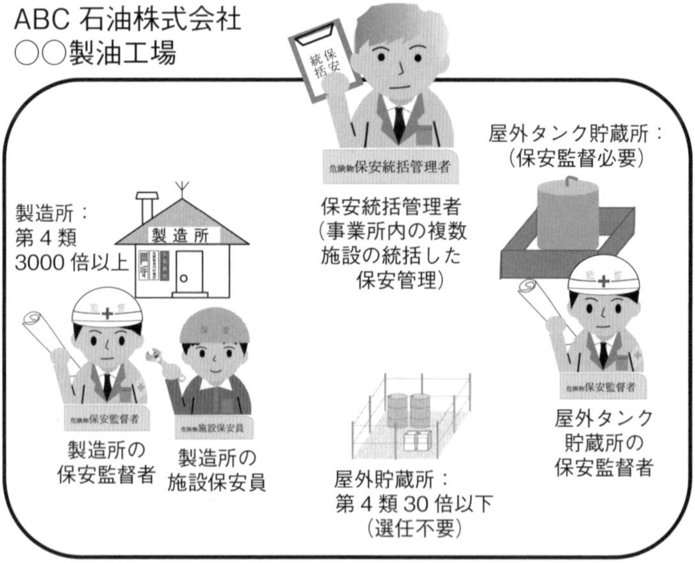

●役割と要件

危険物保安監督者：製造所等の保安のために、その施設の保安監督・管理を行う。

危険物保安統括管理者：事業所内にある複数の製造所等を統括した保安管理を行う。

危険物施設保安員：危険物保安監督者の指示のもとで、製造所等内の施設の保安業務を行う。

表 1-11-1 に、危険物保安監督者、危険物保安統括管理者、危険物施設保安員の役割、要件などを示します。

表 1-11-1　危険物保安体制

	危険物保安監督者	危険物保安統括管理者	危険物施設保安員
役割	製造所等ごとの保安管理・監査	事業所内の複数製造所等の統括した保安管理体制の構築	製造所等ごとの施設保安
なれる人	甲種・乙種危険物取扱者＋6か月以上の実務経験	特に資格なし	
選任を要する製造所等	製造所 屋外タンク貯蔵所 給油取扱所 移送取扱所 一般取扱所	第4類を3000倍以上扱う ・製造所 ・一般取扱所 第4類を指定数量以上扱う ・移送取扱所	指定数量の100倍以上の ・製造所 ・一般取扱所 すべての（数量に関係なく） ・移送取扱所
選任不要な製造所等	移動タンク取扱所	上記以外	
条件により選任を要する	上記以外	—	—

危険物保安監督者のみ、危険物取扱者（甲種または乙種でかつ6か月以上の実務経験を有するもの）である必要があります。つまり、危険物保安統括管理者と危険物施設保安員は危険物取扱者ではなくてもなれます。

対象となる施設は次のとおりです。

危険物保安監督者（必ず選任を要する製造所等）

12種類ある施設の中で、「設備が複雑・事故時に周囲に与える影響が大きい」次の5施設が対象です。

①製造所：「規模が大きい（災害規模も大）」

②一般取扱所：「多様な施設形態（業務内容が多様）である」

③屋外タンク貯蔵所：「大量の危険物を保管し、かつタンクが屋外にある」

④給油取扱所：「一般人が多く出入りし、住宅等とも隣接設置可能」

⑤移送取扱所：「パイプラインで長距離にわたり危険物を移送」

選任が不要な製造所等は「それ自身移動してしまう：移動タンク貯蔵所」

条件によっては選任が必要な製造所等は上記以外の6施設。

危険物保安統括管理者（選任を要する製造所等）

第4類の危険物を指定数量の3,000倍以上扱う①製造所、②一般取扱所、および第4類の危険物を指定数量以上扱う③移送取扱所で選任が必要です。

危険物施設保安員（選任を要する製造所等）

第4類の危険物を100倍以上扱う①製造所、②一般取扱所、およびすべての③移送取扱所で選任が必要です。

第2章

危険物の貯蔵・取扱い

危険物の貯蔵・取扱いを行ううえで、設備や取扱い方法に対する決まりが複数あります。それらを理解したうえで、正しい施設で正しい方法、正しい取扱い方をすることが大切です。本章では、法令に基づいた危険物の貯蔵・取扱いの方法を学びます。

2-1 保安距離

●保安距離とは

製造所等で災害が発生したとき、周囲の住宅、病院、学校、重要文化財などの保安対象物に被害が及ばないために、それらの保安対象物と製造所等の間に一定以上の距離を置きます。それらを**保安距離**と呼びます。

●保安対象物と保安距離

対象となる保安対象物と保安距離の関係を図 2-1-1 に示します。

図 2-1-1　保安対象物と保安距離

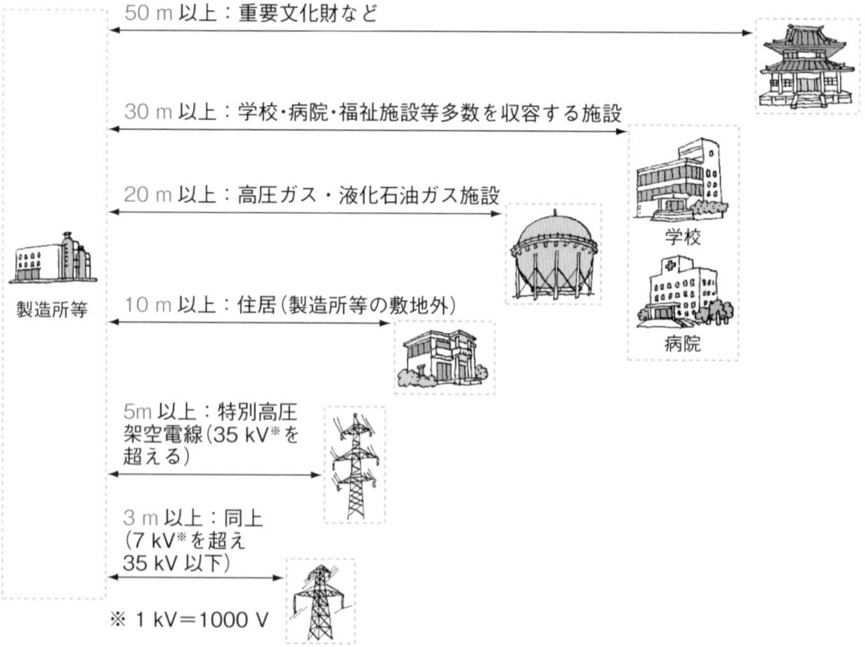

●保安距離を置く必要がある施設

保安距離を置く必要がある施設は、表 2-1-1 に示す 5 施設です。

表 2-1-1　保安距離が必要な施設

保安距離が必要
製造所
屋内貯蔵所
屋外タンク貯蔵所
屋外貯蔵所
一般取扱所

●屋外タンク貯蔵所に特有の敷地内距離

屋外タンク貯蔵所に特有の距離として、敷地内距離があります。図 2-1-2 に示すように、屋外タンク貯蔵所については、敷地境界線からある一定の距離である**敷地内距離**を確保することが義務付けられています。これは、万が一屋外貯蔵タンクで火災などの災害が生じた際に、隣接施設への延焼を防ぐためのものです。

図 2-1-2　屋外タンク貯蔵所に定められる敷地内距離

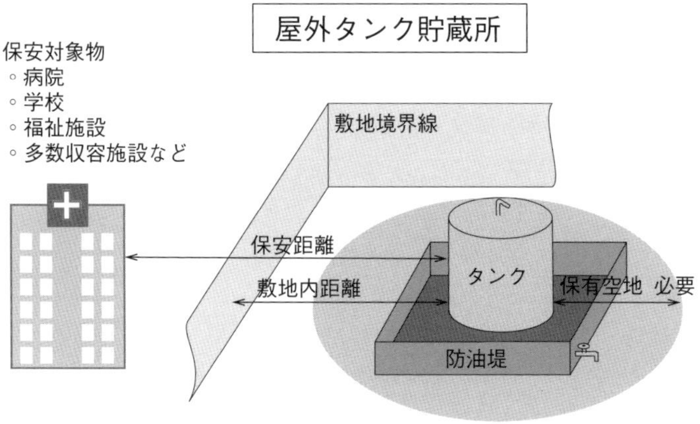

2-2 保有空地

●保有空地とは

火災が発生した際の消防活動と延焼防止のために、製造所等の周囲に空地を確保します。これを**保有空地**と呼びます。保有空地には、何も置いてはいけません。

図 2-2-1　保有空地

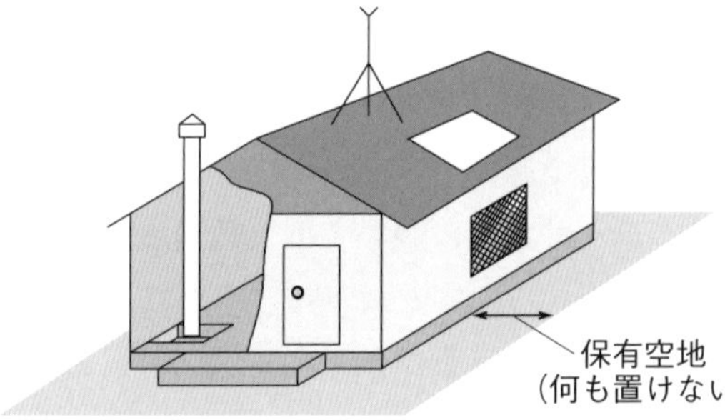

●保有空地を確保する必要がある施設

保有空地を確保する必要がある施設は、表 2-2-1 に示す 7 施設です。このうちの 5 施設は、保安距離を要する施設と同じです。

表 2-2-1　保有空地が必要な施設

保有空地が必要
製造所
屋内貯蔵所
屋外タンク貯蔵所
屋外貯蔵所
簡易タンク貯蔵所（屋外設置のみ）
移送取扱所
一般取扱所

●給油取扱所に特有の給油空地

給油取扱所に特有の空地として、給油空地があります。給油取扱所には、自動車等が出入りして給油などを行う必要があります。そのため、図 2-2-2 に示すように、間口 10 m 以上、奥行き 6 m 以上の空地を保有する必要があります。

図 2-2-2　給油取扱所の給油空地

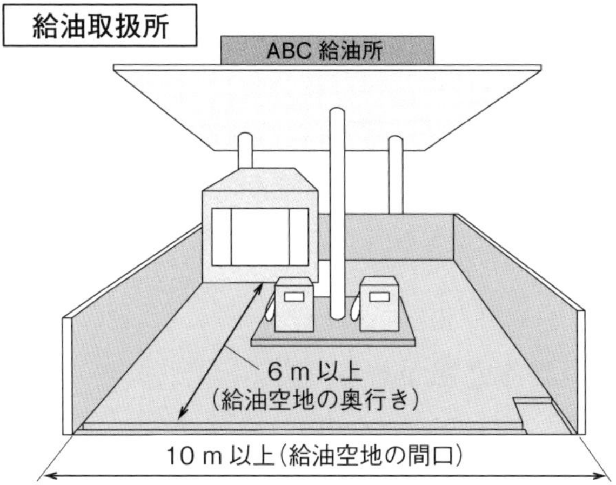

2-3 予防規程

●予防規程とは

予防規程とは、製造所等内における火災予防のために事業所内で守る自主的な保安基準のことです。予防規程を制定したり、変更したりする際には、市町村長等の『認可』が必要です。

また、市町村長等は、火災予防のために必要があると認められるときに、製造所等の所有者等（所有者、占有者、管理者）に対して予防規定の変更命令をすることができます。

●予防規程を守る必要があるのは誰か

予防規程は、その製造所等の所有者、管理者、占有者、従業者すべてが守らなければなりません。

●予防規程を定める必要がある施設

予防規程を定めなければならない施設は、表2-3-1に示すとおりです。

表2-3-1　予防規程を定める必要がある施設

<table>
<tr><td>製造所</td><td rowspan="2">指定数量の10倍以上</td></tr>
<tr><td>一般取扱所</td></tr>
<tr><td>屋内貯蔵所</td><td>指定数量の150倍以上</td></tr>
<tr><td>屋外タンク貯蔵所</td><td>指定数量の200倍以上</td></tr>
<tr><td>屋外貯蔵所</td><td>指定数量の100倍以上</td></tr>
<tr><td>給油取扱所</td><td>すべて</td></tr>
<tr><td>移送取扱所</td><td>すべて</td></tr>
</table>

給油取扱所と移送取扱所は必ず定めます。ガソリンスタンドは、多くの一般人が出入りし、移送取扱所は長距離にわたって危険物を移送しているため、事故が公共に及ぼす影響が極めて大きいことが理由だと理解しましょう。

保安距離を要する施設で一定量以上の危険物を扱う次の5つの施設も、予防規定を定める必要があります。

①製造所　②一般取扱所　③屋内貯蔵所　④屋外タンク貯蔵所　⑤屋外貯蔵所

規模が大（①）　多様な取扱形態（②）　「屋内・屋外○○」の中で、屋内タンク貯蔵所のみ対象外（③④⑤）

●予防規程に定める事項

予防規程に定める内容は「製造所等での火災予防に関すること」です。一例を以下に示します。さまざまな項目がありますが、大切なことは「火災予防が目的」ということです。

予防規程に定める事項の例

- 製造所等の保安のための組織に関すること。
- 危険物保安監督者不在時の代行者に関すること。
- 作業従事者への保安教育・訓練に関すること。
- 施設や設備の点検・補修に関ること。
- 設備の運転・操作法に関すること。
- 災害時の対応（地震や津波を含む）に関すること。
- 危険物の保安に関する記録に関すること。
- 製造所等の位置、構造、設備を示した書類や図面の整備に関すること。

2-4 定期点検

●定期点検とは

定期点検とは、特に、タンク設備と配管設備を定期的に点検することで、技術上の基準を維持することが目的です。

●定期点検の時期と記録

定期点検は、1年に1回以上実施し、その記録を原則3年間（例外はあります）保存します。

●定期点検記録への記載事項

「製造所等の名称、方法及び結果、点検年月日、点検者」を記録します。つまり、「いつ（点検年月日）、どこで（製造所等の名称）、だれが（点検者）、どのように（点検の方法と結果）」の情報を記録します。

●定期点検が必要な施設

定期点検が必要な施設は、予防規程が必要な7施設に2施設を追加した合計9施設です。定期点検が必要な施設を、予防規程が必要な施設と対比させて表2-4-1にまとめます。

漏れの定期点検および内部の点検時期と記録の保存期間を表2-4-2に示します。

表 2-4-1　予防規程および定期点検が必要な施設の一覧

	予防規程	定期点検
製造所	指定数量の 10 倍以上	指定数量 10 倍以上＋地下タンクあり
一般取扱所		
屋内貯蔵所	指定数量の 150 倍以上	
屋外タンク貯蔵所	指定数量の 200 倍以上	
屋外貯蔵所	指定数量の 100 倍以上	
地下タンク貯蔵所		すべて
移動タンク貯蔵所		すべて
給油取扱所	すべて	地下タンクありの場合
移送取扱所	すべて	すべて

表 2-4-2　漏れの点検と点検時期

点検内容	点検時期	記録の保存期間
地下貯蔵タンクの漏れの点検*	1 年に 1 回以上	3 年間
地下埋没配管の漏れの点検*		
二重殻タンクの強化プラスチック製外殻の漏れの点検	3 年に 1 回以上	
移動貯蔵タンクの漏れの点検	5 年に 1 回以上	10 年間
引火性液体（第 4 類）を貯蔵する屋外タンク貯蔵所のうち、容量が 1,000 kℓ 以上 10,000 kℓ 未満のものの内部点検	13 年 または 15 年周期	26 年間 または 30 年間 （点検周期の 2 倍）

*　一定の条件を満たす場合は 3 年に 1 回以上。

●定期点検の実施可能者

定期点検は誰でも実施できるわけではありません。定期点検を実施できるのは、次の人です。

①危険物取扱者（甲種・乙種・丙種）
②危険物施設保安員
③危険物取扱者の立会いを受けた、危険物取扱者以外の者

ここで、①の危険物取扱者は、甲種・乙種・丙種のすべてが実施可能です。②の危険物施設保安員について、そもそも危険物施設保安員は危険物取扱者ではなくてもなれます。そのため、危険物施設保安員は、危険物取扱者でなくても定期点検を実施できます。③については、危険物取扱作業と似たように、危険物取扱者の立会いのもとで、危険物取扱者ではない者が定期点検を実施することが可能です。なお、この場合は丙種危険物取扱者の立会いも有効です。

保安検査

規模が大きい屋外タンク貯蔵所と、移送取扱所については、万が一設備の欠陥に伴う事故が発生した際、その被害が甚大になる恐れがあります。そのため、これらの施設については、市町村長等が行う「保安検査」を受ける必要があります。保安検査には、定期的に受ける「定期保安検査」と臨時で受ける「臨時保安検査」があります。

＜保安検査の対象＞

規模の大きな移送取扱所と屋外タンク貯蔵所

＜保安検査の時期＞

定期保安検査：定期的に実施

臨時保安検査：不当沈下によし流出の恐れがあるときに実施

2-5 危険物施設への掲示

●製造所等への掲示

製造所等には、法令で定められた掲示を行う必要があります。それらの要件を次に記します。

掲示のサイズ

掲示は、図 2-5-1 に示すように、幅 0.3 m 以上×高さ 0.6 m 以上（または幅 0.6 m 以上×高さ 0.3 m 以上）と決められています。

図 2-5-1　掲示のサイズ（地が白、文字が黒）

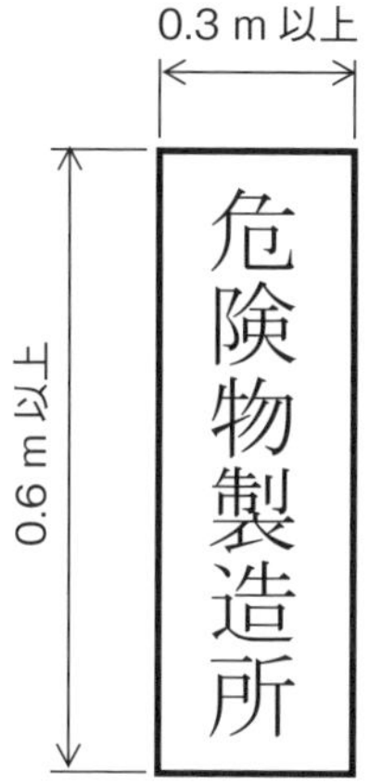

掲示する事項

図 2-5-1 に示したように、地が白、文字が黒で製造所等の名称（「危険物製造所、危険物屋内貯蔵所、危険物給油取扱所」など）を書きます。

貯蔵・取扱いをする危険物の詳細情報

図 2-5-2 に示すように、地が白、文字が黒で次の項目を記します。

・類　【例】第 4 類
・品名　【例】第 2 石油類
・貯蔵・取扱最大数量　【例】4,000 ℓ
・指定数量の倍数　【例】2 倍
・危険物保安監督者の氏名または職名　【例】乙野四郎

図 2-5-2　貯蔵・取扱いをする危険物の内容掲示

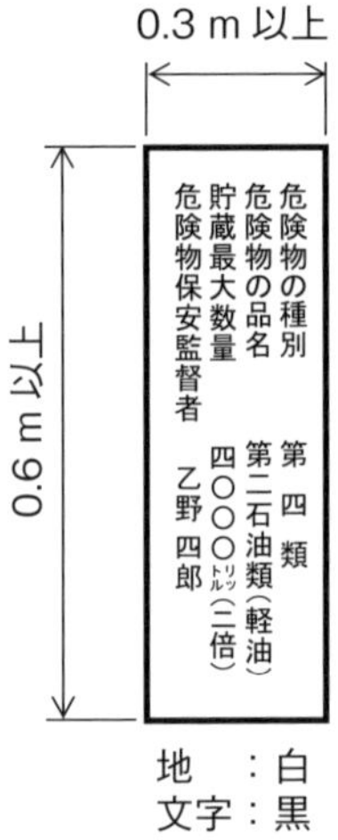

危険物に応じた注意事項

地が白、文字が白で、危険物に応じた注意事項を記します。注意事項の内容は、表 2-5-1 に示すとおりです。

第 4 類、第 5 類のすべてと、第 2 類の引火性固体および第 3 類の一部は**火気厳禁**です。第 2 類の引火性固体以外は**火気注意**です。また、第 1 類のアルカリ金属の過酸化物および第 3 類の禁水性物品は、水と激しく反応しますので「禁水」です。

表 2-5-1 危険物に応じた注意事項

類	危険物	掲示	
第１類	アルカリ金属の過酸化物	禁　水	地：青 文字：白
第２類	引火性固体以外	火気注意	地：赤 文字：白
	引火性固体	火気厳禁	地：赤 文字：白
第３類	禁水性物品（K、Na など）、アルキルアルミニウム、アルキルリチウム	禁　水	地：青 文字：白
	自然発火性物品、アルキルアルミニウム、アルキルリチウム	火気厳禁	地：赤 文字：白
第４類	すべて		
第５類	すべて		

施設ごとに特有の掲示

給油取扱所に特有の掲示：給油取扱所には、図 2-5-3 に示すように、上記で示した掲示内容のほかに、地が黄赤色、文字が黒で「給油中エンジン停止」の掲示が必要です。

図 2-5-3　給油取扱所への掲示内容

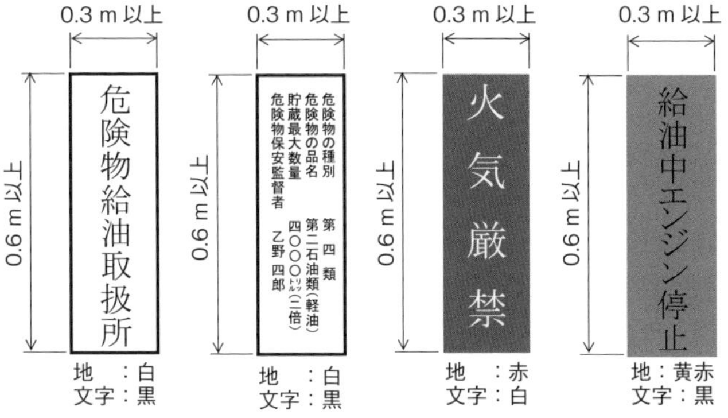

移動タンク貯蔵所および運搬車両への掲示:すべての移動タンク貯蔵所と、指定数量以上の危険物を運搬する車両には、車両の前後の見やすい位置に、地が黒で文字が黄色で「危」の掲示をします。サイズは、移動タンク貯蔵所では縦×横ともに0.3 m以上、0.4 m以下、運搬車両の場合は0.3 m×0.3 mです。

図 2-5-4　移動タンク貯蔵所および指定数量以上の危険物運搬車両への掲示

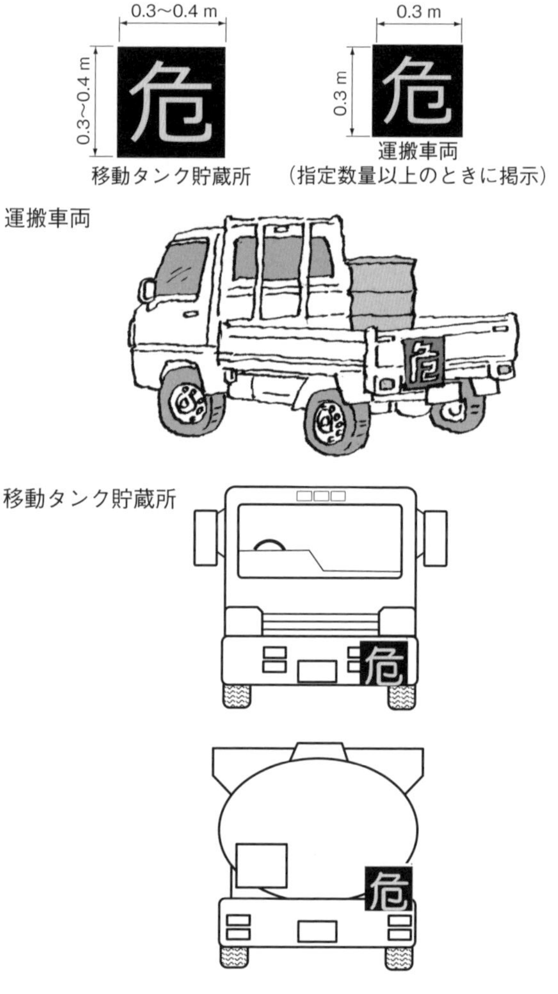

2-6 消火設備

●消火設備の種類

消火設備は、表2-6-1に示すように第1種から第5種に分けられます。

表2-6-1　消火設備の種類

種別	消火設備の種類	具合例・補足説明
第1種 消火設備	消火栓　設備  	屋外消火栓 屋内消火栓
第2種 消火設備	スプリンクラー　設備 	スプリンクラー
第3種 消火設備	○○消火設備 とよばれるものは 第3種の消火設備 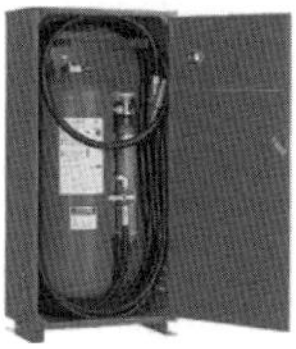	水噴霧　　　　消火設備 泡　　　　　　消火設備 不活性ガス　　消火設備 粉末　　　　　消火設備 ハロゲン化物　消火設備
第4種 消火設備	大型消火器 	車輪が付いているような 大型の消火器のこと
第5種 消火設備	小型消火器、その他 	小型消火器 乾燥砂 水バケツ 膨張ひる石 膨張真珠岩　など

・第 1 種消火設備：消火栓
・第 2 種消火設備：スプリンクラー
・第 3 種消火設備：○○消火設備と呼ばれるもの。
・第 4 種消火設備：大型消火器（車輪が付いている大型の消火器）
・第 5 種消火設備：小型消火器、その他（乾燥砂、膨張ひる石、膨張真珠岩、水バケツ）

●消火設備設置の基準

表 2-6-2 に示すように、消火の困難性に応じて必要な消火設備の種類が決められています。

表 2-6-2　消火困難性に応じた消火設備の設置基準

消火困難性の区分	設置する消火設備				
	第 1 種	第 2 種	第 3 種	第 4 種	第 5 種
著しく消火困難な製造所等	○（いずれか 1 つ）			○	○
消火困難な製造所等	−	−	−	○	○
その他の製造所等	−	−	−	−	○

表 2-6-2 において、○が付いた消火設備を設置する必要があります。

また、次に示すとおり、製造所等に特有の設置基準と電気設備に対する設置基準が定められています。

①地下タンク貯蔵所：第 5 種の消火設備を 2 個以上設置する。
②移動タンク貯蔵所：第 5 種の自動車用消火器を 2 個以上設置する。
③電気設備に対して：電気設備の設置面積 100 m^2 ごとに 1 個以上の消火設備を設置する。

●保護対象物から消火設備までの距離

保護対象物に火災が生じた際に、消火器などが近くになければ消火ができません。保護対象物の消火設備の距離は次のように定められています。

・第 4 種の消火設備：保護対象物から歩行距離で 30 m 以下の場所に置く

・第5種の消火設備：保護対象物から歩行距離で20 m以下の場所に置く

●所要単位

製造所等にどの程度の消火能力を備える必要があるかを見積もるための基準として**所要単位**が定められています。所要単位は、製造所等の種類、構造、指定数量に応じて次のように決められています。

表2-6-3 所要単位

	耐火構造	耐火構造でない
製造所・取扱所	延面積 100 m^2 以上	50 m^2 以上
貯蔵所	延面積 150 m^2 以上	75 m^2 以上
危険物	指定数量の10倍	

危険物取扱者試験を受けてみましょう

危険物取扱者試験は、都道府県ごとに実施しています。ご自身が住む都道府県における試験の情報を含め、全国の情報を消防試験研究センターのホームページで確認できます。日頃の業務や火災予防に役立つ資格ですので、受験をしてみてはいかがでしょうか。

一般財団法人消防試験研究センター　https://www.shoubo-shiken.or.jp/

2-7 警報設備

●警報設備とは

火災や危険物流出などの事故発生を早期に周知するため、製造所等の種類と取扱い数量に応じて**警報設備**を備える必要があります。警報設備は5種類あります。これらの種類と設置が必要な条件を理解しましょう。

●警報設備が必要な場所

指定数量の10倍以上の危険物を貯蔵・取扱いする製造所等で、警報設備を設置する必要があります。ただし、移動タンク貯蔵所は対象外です。

●警報設備の種類

警報設備には、次の5種類があります。

①自動火災報知設備
②拡声装置
③消防機関に報知ができる電話
④非常ベル装置
⑤警鐘

図2-7-1　警報設備

2-8 危険物の貯蔵・取扱い・廃棄

●危険物取扱いの基準

危険物取扱いにおける基本となる基準は次のとおりです。

・許可・届出された品名以外および数量以上の危険物を取扱ってはならない。
・みだりに火気を使わない。
・貯留・油分離設備に溜まった危険物は随時くみ上げる。
・危険物のくず等は１日１回以上処理する。
・危険物が残存する機器や容器等を修理する際は、安全な場所で危険物を完全に除去してから行う。
・危険物を保護液中に保存する場合は、保護液から露出させない。

●危険物の廃棄

危険物を廃棄する方法として、焼却、埋没、流出について正しく理解する必要があります。

危険物の焼却処理⇒可能

見張人を付け、安全な場所で行い、他に害を及ぼさないように注意して行うことで、危険物を焼却処理することが可能です。

危険物の埋没⇒可能

危険物の性質に応じ、安全な場所で行うことで、危険物を埋没処理することが可能です。

危険物の流出⇒不可能

危険物を海中や水中に流出させて処理することはできません。

2-9 運搬の基準

●運搬と移送

運搬と移送の違いを次に示します。

運搬：車両等(ワゴン車やトラックなど)で危険物を別の場所に移すこと。 移送：移動タンク貯蔵所(タンクローリー)で危険物を運ぶこと。

図 2-9-1　運搬と移送の違い

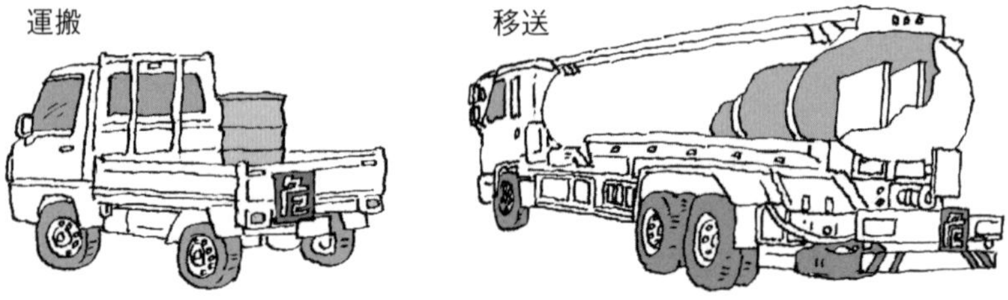

●運搬の基準

危険物を運搬する場合、指定数量に無関係に消防法が適用されます。つまり、指定数量未満の危険物を運搬する場合でも、消防法に基づいた規制の適用を受けます。例えば、ガソリン 20ℓ（指定数量未満）を運搬する場合でも、法で定められた基準を満たした専用容器（ガソリン携行缶）を用い、定められた方法で運ぶ必要があります。

運搬容器

運搬容器は、鋼板、アルミ板、ブリキ板、ガラスなどで、堅固で容易には破損しないものでなければなりません。

積載方法

・危険物の性質に適した材質の運搬容器に収納し、注入口を上に向け積載する。
・温度変化等で漏れないように、容器は密栓する。
・液体危険物は、内容積の98%以下の収容率でかつ55℃で漏れないようにする。
・固体危険物は、内容積の95%以下の収容率とする。
・積み重ねて積載する場合は高さ3m以下とする。
・特殊引火物は遮光する。

運搬容器への表示内容

運搬容器には、次の6項目を表示する必要があります。

1. 品名　【例】第4類第1石油類
2. 危険等級　【例】危険等級Ⅱ
3. 化学名　【例】アセトン
4. 水溶性か否か　【例】水溶性
5. 数量　【例】18 ℓ
6. 危険物に応じた注意事項　【例】火気厳禁

図 2-9-2　運搬容器への表示内容

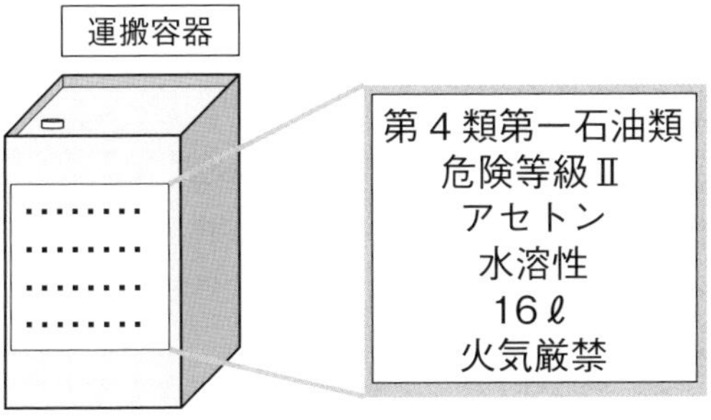

危険等級はⅠ～Ⅲに区分されます。各危険物の危険等級を表2-9-1に示します。

表 2-9-1　危険等級

類	危険等級Ⅰ	危険等級Ⅱ	危険等級Ⅲ
第１類	第１種酸化性固体	第２種酸化性固体	左記以外
第２類	−	硫化リン、赤りん、硫黄、第１種可燃性固体	左記以外
第３類	カリウム、ナトリウム、アルキルアルミニウム、アルキルリチウム、黄りん、第１種自然発火性物質および禁水性物質	左記以外	−
第４類	特殊引火物	第１石油類・アルコール類	左記以外
第５類	第１種自己反応性物質	左記以外	−
第６類	第６類すべて	−	−

また、危険物に応じた注意事項を表 2-9-2 に示します。危険物を運搬する際には、種類に応じてこれらの表示を正しく行う必要があります。

表 2-9-2　危険物に応じた注意事項

<table>
<tr><th>類</th><th>品名または性質</th><th colspan="2">注意事項</th></tr>
<tr><td rowspan="2">第１類</td><td>アルカリ金属の過酸化物</td><td rowspan="2">火気・衝撃注意
可燃物接触注意</td><td>禁水</td></tr>
<tr><td>その他</td><td></td></tr>
<tr><td rowspan="3">第２類</td><td>鉄粉、金属粉、マグネシウム</td><td colspan="2">火気注意、禁水</td></tr>
<tr><td>引火性固体</td><td colspan="2">火気厳禁</td></tr>
<tr><td>その他</td><td colspan="2">火気注意</td></tr>
<tr><td rowspan="2">第３類</td><td>自然発火性物品</td><td colspan="2">空気接触厳禁、火気厳禁</td></tr>
<tr><td>禁水性物品</td><td colspan="2">禁水</td></tr>
<tr><td>第４類</td><td>すべて</td><td colspan="2">火気厳禁</td></tr>
<tr><td>第５類</td><td>すべて</td><td colspan="2">火気厳禁、衝撃注意</td></tr>
<tr><td>第６類</td><td>すべて</td><td colspan="2">可燃物接触注意</td></tr>
</table>

異なる類の積載（混載）

車両に異なる類の危険物を混載して運搬する場合、混載できる組合せが決まっています。次に示す表に示す方法で覚えるとよいでしょう。

表 2-9-3　類の異なる危険物の混載可能な組み合わせ

		第2類	第3類	第4類	第5類	第6類
第1類		3	4	5	6	○7
第2類	3		5	◌6	○7	8
第3類	4	5		○7	8	9
第4類	5	◌6	○7		◌9	10
第5類	6	○7	8	◌9		11
第6類	○7	8	9	10	11	

○◌ 混載OK

数字は縦と横野類の番号を足したもの

※この表は、指定数量の1/10以下の危険物には適用しません。

混載可能な危険物の組み合わせは、次のように理解すると覚えやすいでしょう。

・類の番号を足すと「7」になる⇒すべて混載 OK。
・第 4 類のみ、足して「7」だけでなく、その前後の足して「6」と「9」も混載 OK（足して 8 は、第 4 類同士のことなので、混載ではない）。
・上記以外⇒混載は NG。

運搬方法

・指定数量以上の運搬を行う場合、車両前後の見やすい場所に「危」の標識（30 cm 角）を表示し、運搬する危険物に応じた消火設備を備える。
・休憩等で一時停車する場合、安全な場所を選ぶ。

図 2-9-3　危険物標識

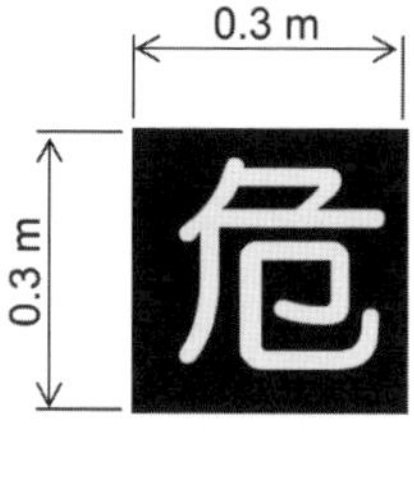

2-10 移送の基準

●移送の基準

移動タンク貯蔵所で危険物を移送する場合、主に次の基準があります。

- ・移送する危険物を取扱える「危険取扱者の乗車」および「免状の携帯」が必要。
- ・毎回、移送開始前に十分な点検を行う（底弁、マンホール、注入口ふた、消火器等）。
- ・次の条件のいずれかに該当する場合、2名以上の運転要員を確保する。
  1. 連続運転時間が4時間を超える。
  または
  2. 1日の運転時間9時間を超える。
- ・移送時にタンクからの漏れなどの災害発生の恐れがある場合、応急処置を講じたうえで、消防機関等に通報する。
- ・「消防吏員」または「警察官」は移動タンク貯蔵所を停車させ、免状の提示を求めることができる。
- ・自動車用消火器（第5種消火設備）を2個以上設置。
- ・アルキルアルミニウム等を移送する場合、移送の経路等を記載した書面を関係消防機関に送付し、書面の写しを携帯しなければならない。

また、移動タンク貯蔵所には、次の書類の「原本」を備えておく必要があります。

①完成検査済証
②定期点検記録
③譲渡・引渡の届出書
④品名・数量または指定数量の倍数の変更の届出書

第3章

危険物の特性

危険物を安全に取扱うためには、危険物に関連する物理、化学的な特性を知っておく必要があります。本章では、危険物に関連する物理、化学、燃焼特性について学びます。

3-1 静電気

●静電気とは

絶縁された2物体を接触し、離した際、一方がプラス（+）、他方がマイナス（−）に帯電する現象を**静電気**と呼びます。

物質の種類に応じて、正に帯電しやすいものや負に帯電しやすいものがあります。物質がどのように帯電しやすいかを並べたものを**帯電列**と呼びます。代表的な物質の帯電列を図3-1-1に示します。例えば、ガラスとポリエチレンを接触させてこすり合わせると、ガラスは正（+）に、ポリエステルは負（−）に帯電し、両者を離すと静電気が発生します。

図 3-1-1　帯電列

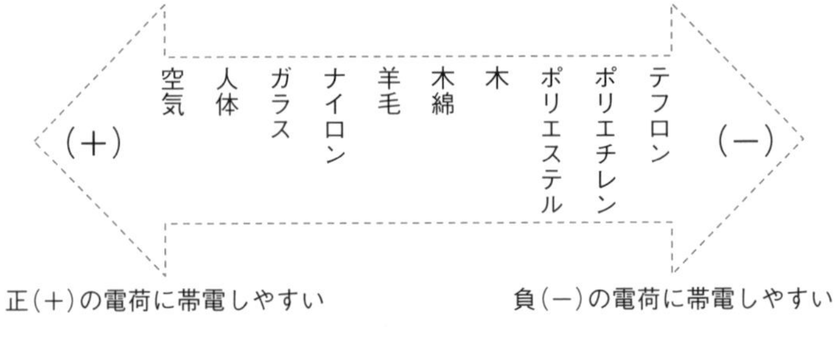

静電気の発生プロセスを図3-1-2に示します。帯電していない物質は、正の電荷と負の電荷がバランスして電気的に中性です。帯電列の異なる物質同士を接触させたとき、電子が一方に偏ることで、両者の電荷が偏った状態になります。そのまま両者を離すことで、両者がそれぞれ正と負に帯電した静電気が発生します。

図 3-1-2　静電気の発生

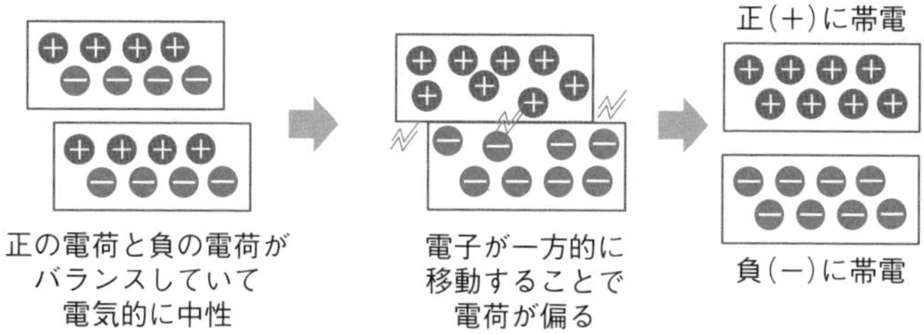

帯電列が大きく異なる物質ほど、より多くの静電気が発生します。また、両者を激しくこすり合わせるなど、摩擦が大きいほど発生しやすいです。静電気は、固体の接触だけで生じるものではありません。配管内を流体が高速で流れることでも発生します。

●静電気の防止法

蓄積した静電気によるスパーク（火花）の発生によって、危険物に引火して火災事故になる危険性があります。そのため、危険物を取扱ううえで、静電気の抑制に心がけることが大切です。

静電気の蓄積を防ぐには、以下の方法があります。

・静電気の発生を防ぐ（激しい摩擦、高速流動、衝撃などを避ける。帯電しにくい材質の機材を使用する）。
・発生した静電気が蓄積しないように逃がす（絶縁性の高い器具、容器、機器、装備類を使わない。静電気が逃げにくくなるため）。
・容器、機器類を接地（アース）して、静電気を有効に逃がす。
・作業する場所の湿度を高くする（一般的に、湿度70％以上になると静電気が蓄積しにくい）。
・除電器などで室内の空気をイオン化する。

●危険物取扱時の注意事項

第４類の引火性液体の多くは、電気を通しにくい液体です。そのため、それらの危険物が高速で流れたり、容器内で撹拌したりすると、静電気が発生します。危険物を扱ううえで、特に次の点に注意が必要です。

危険物の取扱いにおける静電気防止

1. 容器は導電性の高い金属製のものを用い、接地（アース）する（ポリタンクなどの電気を通しにくいものは、発生した静電気を蓄積してしまう。特に、ガソリンなどの引火点が低い危険物をポリタンクで扱うのは非常に危険）。
2. 危険物を流したり、容器に移すときは、なるべく流速を低くして摩擦を減らす。
3. 作業者は､導電性の高い（電気を通しやすい）装備を身に付ける（帯電防止の靴、作業着など）。
4. 湿度の管理を行う。

静電気による火災事故を防ぐために

静電気は湿度が低い条件で帯電しやすいです。気温が低くなるほど、大気が含むことができる水の量が減少します。そのため、特に乾燥した冬場に、静電気によるスパークの発生を経験したことが多いと思います。このように、静電気によるスパークが起こりやすい環境下で危険物を扱い作業をすると、火災事故が起こりやすくなります。静電気による引火事故は突然起こります。日頃、危険物を扱うことがある場合には､「湿度、服装、装備、作業工程、作業手順」などに十分注意する必要があります。

3-2 密度と比重

●密度とは

密度とは、「単位体積あたりの質量」を指します。**単位体積**とは、1 m^3、1 ℓ、1 cm^3（= 1 cc）などを指します。つまり、次のように求められます。

密度 ρ ：ある量の物質の質量 m を、その物質の体積 V で割ったもの

$$密度\ \rho = 質量\ m \div 体積\ V$$

質量の単位は、kg か g を用います。体積は、m^3、ℓ、cm^3 などを用います。具体的には、最も身近な水で考えるとわかりやすいでしょう。

1 ℓ（牛乳パック 1 本分）の水の質量は 1 kg です。つまり、水の密度は次のようになります。

$$\rho = m \div V = 1 \div 1 = 1\ \mathrm{kg}/\ell$$

1 m^3 は 1000 ℓ です。また、1 ℓ は 1000 cm^3（1000 cc）です。1 kg は 1000 g です。よって、水の密度は次のようになります。

$$\rho = 1\ \mathrm{kg}/\ell = 1000\ \mathrm{kg/m^3} = 1\ \mathrm{g/cm^3}$$

これらは「単位体積」の単位を変えただけですべて同じ意味です。

図 3-2-1 に示すように、5 ℓ のガソリンの質量が 3.65 kg でした。ガソリンの密度を求めてみましょう。

図 3-2-1　ガソリンの密度

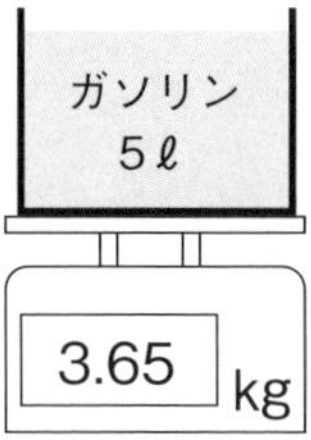

ガソリンの密度

$\rho = m \div V = 3.65 \div 5 = 0.73$

答え：0.73 kg/ℓ　(= 0.73 g/cm^3)

●比重γとは

比重とは、「対象となる物質の密度を、基準となる物質の密度で割ったもの」です。基準となる物質の密度とは、次のとおりです。

液体の場合

基準は、4℃における水の密度 1.0 g/cm^3 です。水は、4℃のときに密度が最大になり、そのときの密度が 1.0 g/cm^3 です。そのため、液体の密度を水の密度（1.0）で割っても数値は変わりません。つまり、液体の場合の密度と比重は、数値は同じで単位があるかないかの違いになります。

γ ＝液体の密度÷4℃の水の密度＝液体の密度÷1.0

つまり、次のことがいえます。

液体の比重が 1.0 を超える⇒水に沈む
液体の比重が 1.0 未満　　⇒水に浮く

気体の場合

気体の場合も液体の場合と考え方は同じです。気体の基準は、0℃、1気圧の空気の密度です。空気の密度は、0℃、1気圧で 1.293 g/ℓ です。

つまり、次のことがいえます。

気体の比重が 1.0 を超える⇒空気中に沈む
気体の比重が 1.0 未満　　⇒空気中に浮く

ガソリンなど、第4類の危険物の気体の比重（蒸気比重）はすべて1を超えます。そのため、これらの蒸気は空気中に沈みます。換気の悪い室内などで第4類の危険物を取扱った場合、危険物の蒸気は床などの底部に滞留していることになります。そのため、熱源、火花、電気設備などで引火事故が発生する恐れがあり、注意が必要です。

重要

第4類の危険物の多くは、液体比重が1より小さい⇒水に浮く物が多い。

第4類の危険物のすべてにおいて、蒸気比重は1より大きい⇒空気に沈む(底部に滞留する)。

図 3-2-2　ガソリンの比重

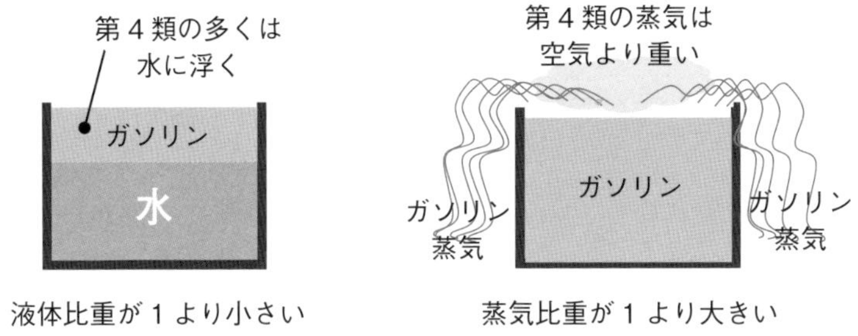

3-3 熱膨張

●固体や液体の熱膨張

一般に、固体や液体を加熱すると、わずかに容積が増加します。これを**熱膨張**と呼びます。容器内に密封された危険物が熱膨張すると、容器が破裂して中の危険物が噴出したり、漏洩したりする危険性があります。そのため、危険物を収納する容器には､以下のように空間を設けることになっています。

液体危険物の場合：容器内の98%以下の収容率にする。
固体危険物の場合：容器内の95%以下の収容率にする。

図3-3-1に示すように、元の容積 V_0 の固体または気体に熱を加えたら、温度が $\varDelta T$ 上昇し､容積が V まで膨張したとします。このとき､膨張後の容積は､液体の体膨張率を α ［K^{-1}］とすると、次の式で計算できます。

$$V = V_0 + V_0 \times \alpha \times \varDelta T = V_0(1 + \alpha \varDelta T)$$

図 3-3-1　固体や液体の熱膨張

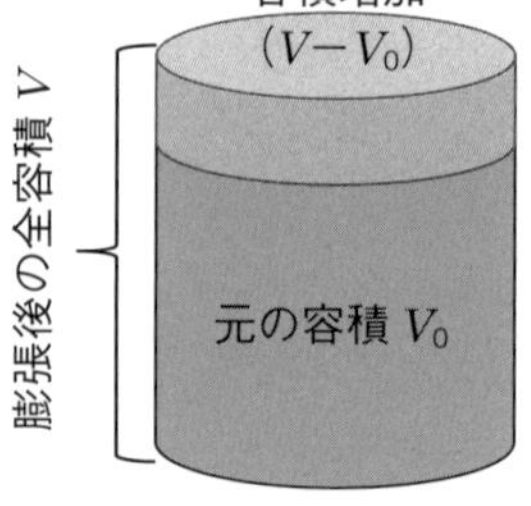

●液体危険物の熱膨張計算

例として、体膨張率 $\alpha = 1.4 \times 10^{-3}$［$K^{-1}$］のガソリンが 200 ℓ あるとします。このガソリンに熱を加えて温度を 100℃（= 100 K）上昇させたときの膨張後の容積を計算してみましょう。元の容積 $V_0 = 200\,\ell$、体膨張率 $\alpha = 1.4 \times 10^{-3}$［$K^{-1}$］、温度変化量 $\Delta T = 100$ K なので、次のように計算されます。

$$V = V_0 + V_0 \times \alpha \times \Delta T = 200 + 200 \times 1.4 \times 10^{-3} \times 100 = 200 + 28 = 228\,\ell$$

つまり、ドラム缶 1 本分（200 ℓ）のガソリンの温度が 100℃上昇すると、28 ℓ も膨張することがわかります。

体膨張率の比較

水の体膨張率は 0.0003（20 〜 40℃のとき）程度です。ガソリンの体膨張率は 0.0014 程度（20℃において）です。水の体膨張率を 1 とすると、ガソリンの体膨張率は約 4.7 です。つまり、ガソリンは、温度変化に対して水の 5 倍近く膨張することがわかります。

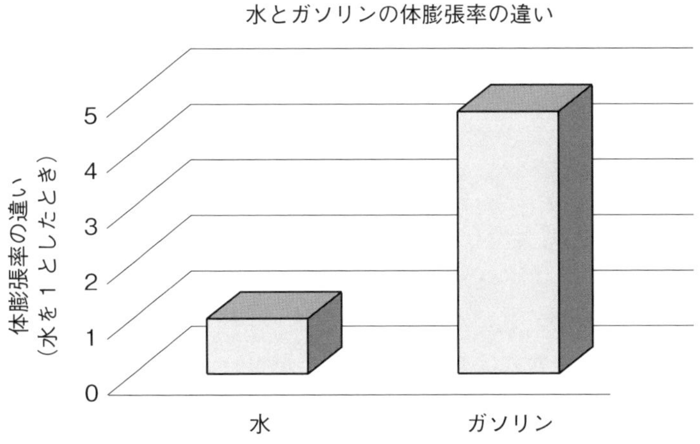

3-4 燃焼の三要素

●燃焼の定義

燃焼は、酸化反応の一種です。しかし、すべての酸化反応を燃焼というわけではありません。鉄が錆びて酸化鉄になるのは酸化反応ですが、燃焼とは呼びません。**燃焼**とは、熱と光を伴う酸化反応を指します。

●燃焼の三要素

燃焼は、次に示す燃焼の三要素のすべてがそろうことで起こります。燃焼の三要素とは、図 3-4-1 に示すとおり、「可燃物、酸化剤、熱源」の 3 つを指します。

図 3-4-1　燃焼の三要素

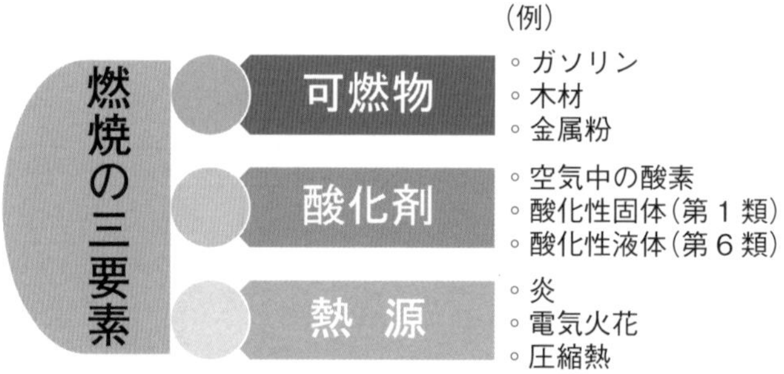

まず、燃焼する物質そのものである可燃物がなければ燃焼は起こりません。**可燃物**とは、ガソリン、灯油、軽油、アルコール、木材、石炭、金属粉、硫黄、潤滑油などの燃えるものです。

一方、ガソリン単独では燃焼しません。燃焼は、酸化反応のため、酸化剤と反応する必要があります。つまり、酸化剤を供給しなければ燃焼しません。

さらに、ガソリンと空気を混ぜただけでは勝手には燃焼しません。ガソリンと空気が混合した気体に、裸火、電気火花などの熱源を近づけると、引火して燃焼が起こります。

つまり、燃焼には熱源が必要です。**熱源**には、裸火（火炎）、赤熱したニクロム線のような高温な物体、電気火花などの瞬間的に高温な場所をつくり出すものののほか、可燃性ガスと空気の混合気体全体を圧縮して高温にすること（圧縮熱）も含まれます。

例えば、ディーゼルエンジンは、空気をピストンで圧縮して高温な空気をつくり、そこに軽油を噴射して燃焼させます。つまり、圧縮熱が熱源です。ガソリンエンジンは、燃料とガソリンの混合気をシリンダ内で形成し、それをピストンで圧縮しますが、その時点では燃焼が起こりません。その後、点火コイルと点火プラグで電気火花を飛ばすことで、燃焼が開始します。

●燃焼の三要素と消火

以上をまとめて、燃焼が起こる条件を図3-4-2に示すような直列の電気回路を使って示します。「可燃物」「酸化剤」「熱源」の3つのスイッチが直列に設けられた回路の電球を燃焼と見立てると、3つのスイッチすべてがONになったときだけ燃焼が起こります。1つでも欠けると燃焼しません。つまり、火災が起きているときは、**燃焼の三要素**がそろっています。そのうちの1つでも取り除くことができれば、消火できます。

図3-4-2　燃焼が起こる条件

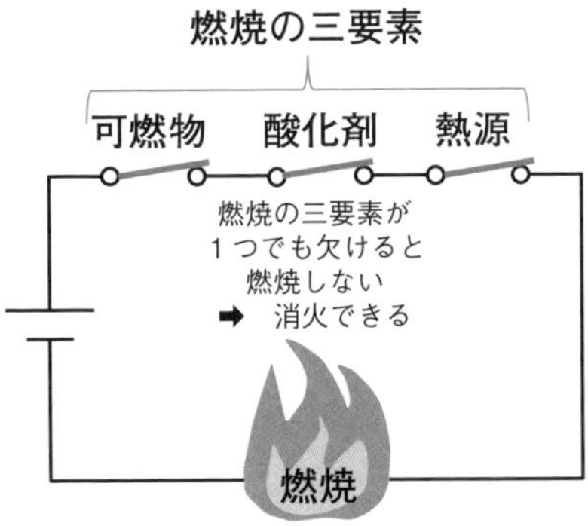

3-5 消火の基本原理

●消火の理論

燃焼の三要素のすべてがそろうと燃焼します。いい方を変えると、1つでも取り除けば消火できます。これが､消火理論の基本的な考え方になります。

図 3-5-1 に示すように、「可燃物を取り除く」「酸化剤を取り除く」「熱源を取り除く」の 3 つを燃焼の三要素に対応して**消火の三要素**と呼びます。また、これらの 3 つの要素に「燃焼の抑制（負触媒消火）」を加えて、**消火の四要素**と呼ぶこともあります。次に、具体的に見ていきましょう。

図 3-5-1　消火の三要素と消火の四要素

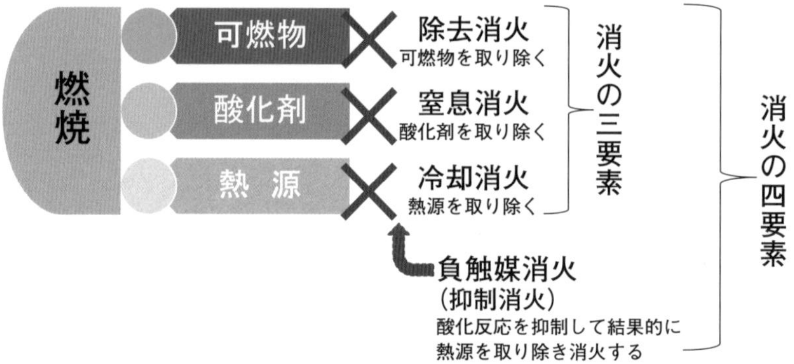

●消火の三要素と消火の四要素

除去消火

図 3-5-2 に示すように、可燃物を取り除けば、消火できます。これを可燃物を除去するという意味で**除去消火**と呼びます。

図 3-5-2　除去消火

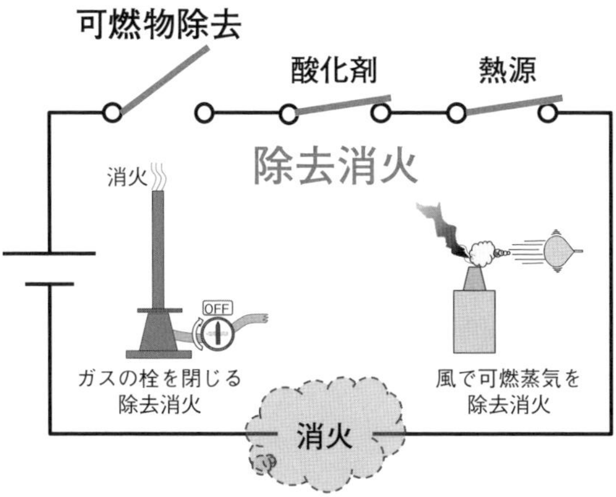

例えば、漏れたガスが燃焼しているのであれば、ガスの元栓を閉めるなどしてガスの供給を断てば消火します。ろうそくの炎に瞬間的に強い風を吹き付けると、ろうそくの炎が消えます。これは、ろうそくの芯の周囲に形成されていた、ろうそくのろうが蒸発してできた可燃性ガスが吹き飛ばされて、可燃物が除去されるためです。

窒息消火

図 3-5-3 に模式的に示すように、可燃物が酸化剤と接触するのを防ぐことができれば、消火できます。これを**窒息消火**と呼びます。

例えば、燃えているろうそくにグラスなどでふたをすると、やがて火が消えます。これは、酸素の濃度が低くなったためです。つまり、十分な酸化剤が供給されなくなったためです。窒息消火を利用した消火方法として次のようなものがあります。

窒息消火の例：

・火炎にぬれタオルを被せる。
・二酸化炭素消火器で火炎に二酸化炭素（CO_2）を噴射し、周囲空気との接触を遮断する。
・燃焼物にふたをして空気を遮断する。
・火炎に砂などの不燃物をかけて空気を遮断する。

図 3-5-3　窒息消火

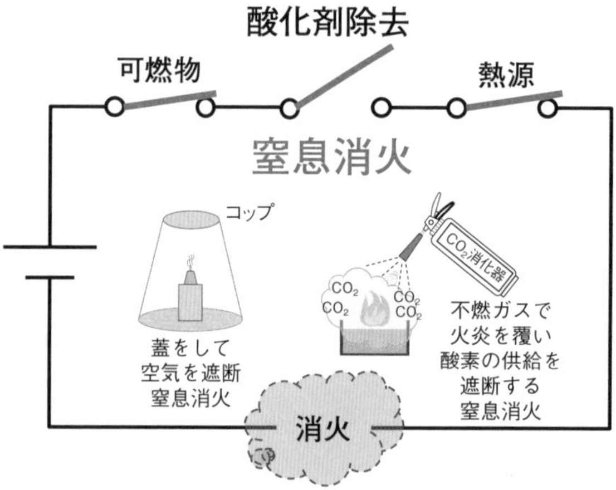

冷却消火

図 3-5-4 に示すように、燃焼しているものから熱を取り去って冷やしてあげれば、自立して燃焼を継続することができず、消火します。これを**冷却消火**と呼びます。例えば、木材などが燃えているとき、水をかけて火を消しますが、これは冷却消火を利用したものです。

図 3-5-4　冷却消火

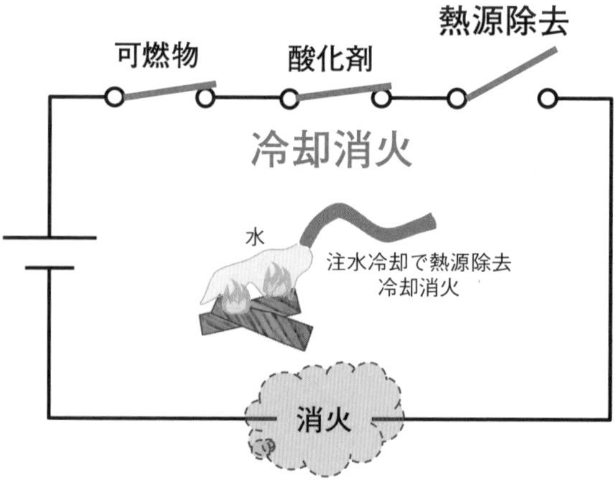

負触媒（抑制）却消火

燃焼は、化学反応（酸化反応）によって熱が供給されることで継続します。そのため、化学反応を抑制することができれば、熱の供給が断たれるため、結果的に冷却されて消火します。化学反応の速度を上げる働きをするものを**触媒**と呼びます。逆に、化学反応の速度を下げる（化学反応を抑制する）働きを**負触媒**と呼びます。

負触媒効果を利用した消火法を、**負触媒消火（抑制消火）**と呼びます。例えば、ハロゲン化物消火器や強化液消火器で用いられている消火薬剤は、化学反応を抑制する効果を有します。結果的に、図 3-5-5 に示すように、継続的な熱の供給が断たれ、消火します。

図 3-5-5　負触媒消火（抑制消火）

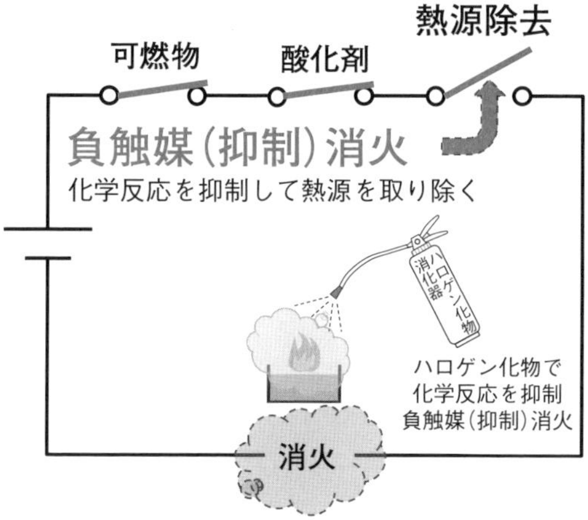

3-6 危険物の燃焼形態

●燃焼の基本

可燃物には、固体、液体、気体のものがあります。例えば、液体の可燃物が燃焼する際、液体のまま燃焼が起こるわけではありません。蒸発して気体になって、酸素と混合したものが**酸化反応**を起こします。固体の場合も同様です。例えば、ろうそくは固体ですが、次のように燃焼しています。

> 火炎の熱でろう（可燃物）が溶けて液体になる。→液体になったろうが芯から蒸発し、放出される。→蒸発したろうが周囲空気と混合して可燃性の混合気をつくる。→燃焼する。

次に、基本的な燃焼の形態を見ていきましょう。

●燃焼の形態

蒸発燃焼

液体や固体の可燃物が気体になって、空気と混合して可燃性混合気をつくり燃焼する形態を**蒸発燃焼**と呼びます。

ガソリン、メタノール、エタノール、灯油、軽油など、第４類の危険物（引火性液体）は、蒸発燃焼を起こします。

また、ナフタリンや硫黄は、加熱すると液体を経由せずに直接気体になる特性を持ちます。これを**昇華**と呼びます。その結果、周囲空気と混合して燃焼します。この場合も、蒸発燃焼に該当します。

図 3-6-1　蒸発燃焼

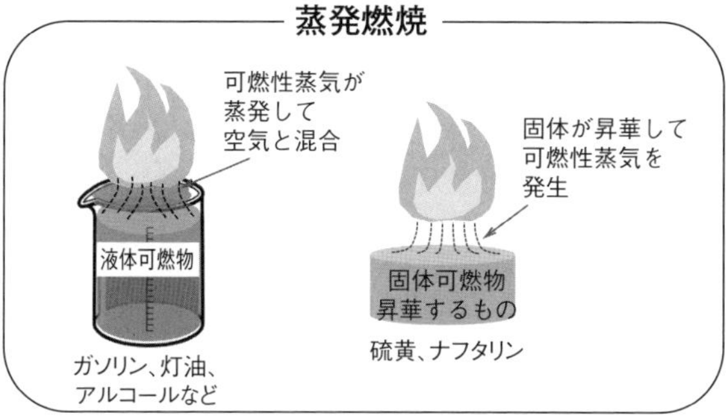

分解燃焼

例えば、木材を加熱すると、内部から分解した可燃性のガスが発生します。この可燃性ガスが周囲空気と混合し、燃焼します。このような燃焼形態を**分解燃焼**と呼びます。分解燃焼を起こす物質は、「木材、石炭、プラスチック」などです。

なお、「セルロイド、ニトロセルロース」は、物質内に多くの酸素を含んでいます。このような物質を加熱すると、分解して可燃物と酸素の両方が発生し、それらが燃焼します。つまり、周囲空気からの酸素の供給がなくても燃焼します。このような燃焼形態を**内部燃焼（自己燃焼）**とも呼びます。

図 3-6-2　分解燃焼

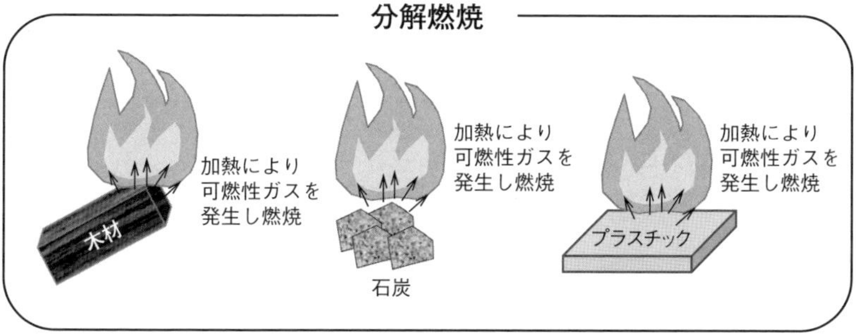

表面燃焼

木材は分解燃焼をしますが、分解燃焼を起こして最終的には炭（木炭）になります。木炭は、内部から分解するガスがなくなった状態です。この時点で、燃焼が終了するわけではありません。木炭になった後は、炎を上げずに「パチパチ」と燃焼が継続します。これは、木炭（主成分は炭素C）の炭素Cが、空気と接触している表面部で燃焼しているためです。このような燃焼形態を**表面燃焼**と呼びます。表面燃焼を起こすものは、「木炭、コークス、金属粉」などがあります。

図 3-6-3　表面燃焼

表面燃焼

固体の表面で燃焼
（内部に可燃性ガスが存在しないため）

●不完全燃焼

ガソリン、灯油、軽油などは、炭素Cと水素Hを主成分とする炭化水素です。炭素Cは、完全燃焼すると二酸化炭素CO_2になります。水素Hは、水H_2Oになります。一方で、炭化水素が燃焼する際に、十分な量の酸素と反応できなかった場合、一酸化炭素COが発生します。

一酸化炭素は、ヘモグロビンとの結合力が酸素に比べて数百倍大きいため、COを吸入すると体内が酸欠状態になる一酸化炭素中毒を起こします。つまり、COは人体にとって直接的に害を及ぼす有毒ガスです。

表3-6-1に一酸化炭素COと二酸化炭素CO_2の特性を比較します。

表 3-6-1　一酸化炭素と二酸化炭素の特性比較

特性 / ガス種	一酸化炭素 CO	二酸化炭素 CO_2
燃焼性	燃える	燃えない
毒性	有毒	人体に直接は無害
水溶性	ほとんど溶けない	よく溶ける
液化	困難	容易

3-7 予混合燃焼と拡散燃焼

●予混合燃焼

可燃性ガスと酸化剤（空気中の酸素など）があらかじめ混合し、可燃性混合気を形成し、それが燃焼する形態を**予混合燃焼**と呼びます。

例えば、ガソリンエンジンの燃焼は予混合燃焼です。図3-7-1に示すように、ガソリンエンジンでは、燃料と空気の混合気を燃焼室内に準備して、それをピストンで圧縮します。圧縮した混合気中に、点火プラグで点火すると、燃焼火炎が発生し、それが伝ぱしていきます。

図 3-7-1　ガソリンエンジンの予混合燃焼

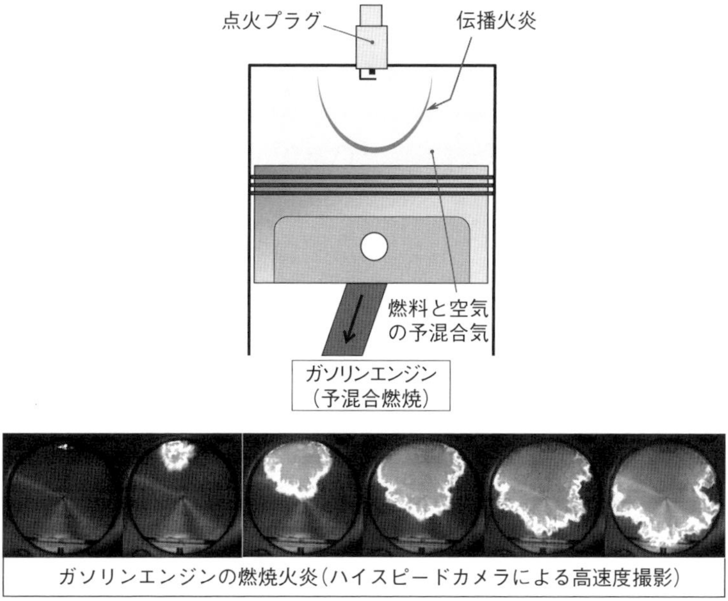

また、ガス爆発が起こるような状況では、漏洩したガスが空気と混合して可燃性の混合気体を形成しています。つまり、可燃性ガスと空気が予混合状態になっています。何らかの熱源で予混合燃焼が起こり、やがて爆発的な激しい燃焼に至ります。これも、予混合燃焼の一種です。

●拡散燃焼

予混合燃焼は、燃料と空気があらかじめ混合した状態で燃焼するのに対して、**拡散燃焼**では、燃料と酸化剤が混合しながら燃焼します。

例えば、図 3-7-2 に示すように、ろうそくの燃焼は拡散燃焼です。ろうそくの芯から蒸発した可燃性ガスは、単独では燃焼しません(酸素がないため)。蒸発した可燃性ガスが周囲の空気と拡散混合し、やがて局所的に燃焼可能な混合気が形成され、燃焼します。

ディーゼルエンジンの燃焼も、基本的には拡散燃焼に分類されます。図 3-7-3 に示すように、ディーゼルエンジンでは、空気を圧縮して高温高圧の空気を準備します。その中に軽油などの燃料を噴射すると、燃焼室内の空気と拡散混合しながら、やがて燃焼の条件が整ったところで燃焼が開始します。

図 3-7-2　ろうそくの拡散燃焼

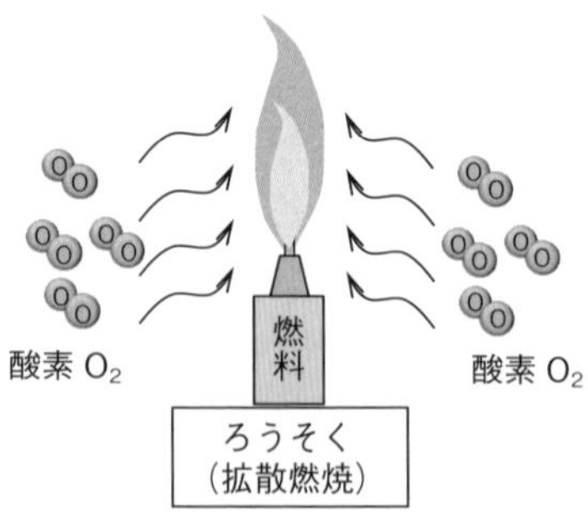

図 3-7-3　ディーゼルエンジンの拡散燃焼

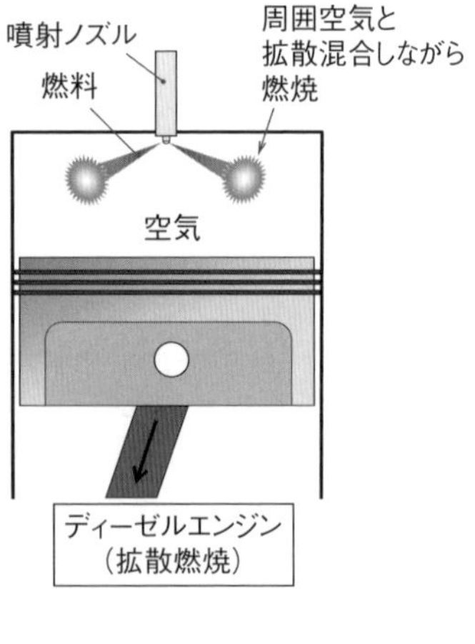

3-8 燃焼範囲

●燃焼範囲とは

ガソリンは、ガソリンエンジンの燃料などに用いられる可燃性の物質です。

しかし、ガソリン単独では燃焼しません。ガソリンが燃焼するには、酸化剤の供給が必要です。それでは、酸素が少しでも供給されれば燃えるのでしょうか？逆に、空気の中に少しでもガソリンが供給されると、燃えるのでしょうか？ガソリンと空気の混合気は、適正な範囲の濃度でなければ燃焼しません。つまり、ガソリンが濃すぎても、薄すぎても燃えません。空気中で燃焼が起こる濃度を表すのに、燃焼可能な燃料の体積割合（vol.%）を用いて表します。これを**燃焼範囲**と呼びます。

図 3-8-1 に示すように、体積 V_f の燃料蒸気と、体積 V_a の空気が混合して体積 V の混合気が形成されたとき、燃料の体積割合は、次の式で定義されます。

$$\text{燃料の体積割合}[\%] = \frac{\text{燃料蒸気の体積 } V_f}{\text{混合気全体の体積 } V} \times 100$$

$$= \frac{\text{燃料蒸気の体積 } V_f}{\text{燃料蒸気の体積 } V_f + \text{空気の体積 } V_a} \times 100$$

図 3-8-1　燃料の体積割合

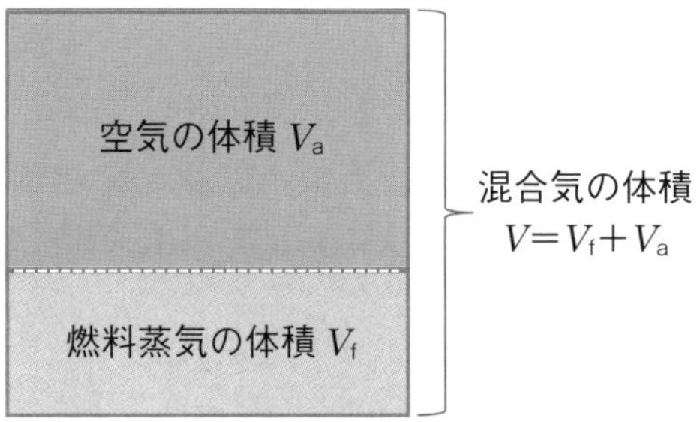

図3-8-2に示すように、燃料の体積割合が0%（空気の体積割合が100%）から100%（空気の体積割合が0%）の状態を考えたとき、燃焼が可能な体積割合の範囲を**燃焼割合**と呼びます。

例えば、ガソリンの燃焼割合は1.4 vol.%～7.6 vol.%です。この範囲を図3-8-2の中に破線で示しています。ガソリンの場合、1.4 vol.%未満の薄い混

図3-8-2　ガソリンの燃焼範囲

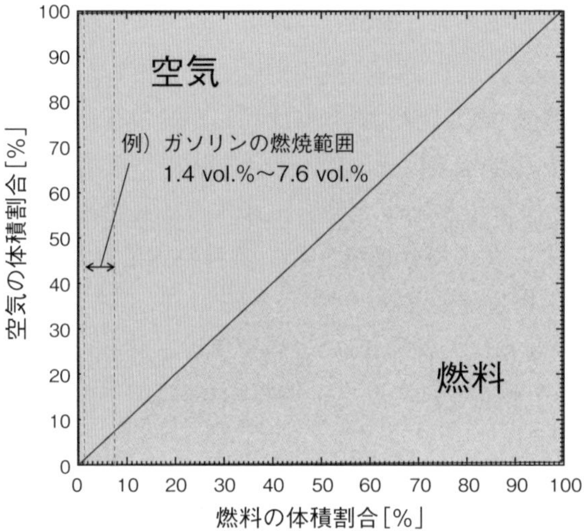

表3-8-1　燃焼範囲の例

名称	燃焼範囲 vol.%	
	下限界	上限界
ガソリン	1.4	7.6
灯油	1.1	6
ヘキサン	1.2	7.5
ベンゼン	1.2	7.8
トルエン	1.2	7.1
メタノール	6	36
エタノール	2.2	19
ジエチルエーテル	1.9	36
水素	4	75
アセトン	2.5	12.8

合気では燃焼できません。また、7.6 vol.%を超える濃い混合気の場合も燃焼できません。ほかの可燃性物質も、それぞれ燃焼範囲を持ちます。表3-8-1に代表的な物品の燃焼範囲を示します。

物品によって、燃焼範囲が大きく異なります。日頃の業務で扱う可燃物の燃焼範囲を正しく把握し、火災に対する安全対策を講じることが重要です。

1モルの、燃焼範囲の下限界の混合気に含まれるエタノールは何gか？

表3-8-1に示されたエタノールの燃焼範囲の下限界は2.2 Vol.%です。これは、エタノールが気体になった状態での体積割合を指しています。ここでは、そのときのエタノールの質量を求めてみましょう。アボガドロの法則によって、同じ温度、圧力においては、気体の種類によらずに同じ容積の中に同じ数の分子を含みます。特に、0℃、1気圧において、1モルの気体が占める容積は22.4 ℓです。つまり、容積割合は、モル数割合と同じになります。ガソリンの携行缶や灯油のポリタンクの容量が20 ℓですので、空の携行缶の中には空気が1モル程度入っていることになります。それでは、温度20℃（293 K)、圧力1気圧（101.3 kPa）において、20 ℓの混合気体の中にエタノールがどの位入ると、燃焼範囲の下限界になるでしょうか。

・下限界は2.2 Vol.%なので、20 ℓの容積に対しては、20×0.022＝0.441 ℓ

・理想気体の状態方程式$pV=mRT$を用いて質量を計算。

このとき、エタノールの分子$M=46$ g/mol、エタノールの気体定数$R=$一般気体定数$R_0/M=8314/46=180.7$ J/(kg·K）です。

$$m=\frac{pV}{RT}=\frac{101.3\times10^{3}\times0.44\times10^{-3}}{180.7\times293}=0.84\times10^{3}\ \mathrm{kg}=0.84\ \mathrm{g}$$

エタノールの液体密度を0.79 g/cm^{3}とすると、0.84 gのエタノールの液体容積は0.84/0.79＝1.06 cm^3＝1.06 ccになります。つまり、空のガソリン携行缶（20 ℓ＝20000 cm^{3}の中に、液体のエタノールを1 cc程度入れ、エタノールを気化して混合気が形成される、燃焼範囲の下限界付近の濃度の混合気になるため、火種を近づけると爆発する可能性があります。空のガソリン携行缶の底に、ガソリンが僅かに残った状態も、引火や爆発の危険性が高いことがわかります。

3-9 引火点と発火点

●引火点

　ガソリンが入ったビーカーがあるとします。このガソリンの液面に、マッチの火を近づけると、常温でも容易に燃焼が起こります。この現象を**引火**と呼びます。この理由は、ガソリンが蒸発して液面付近で空気と混合し、燃焼範囲内の混合気が液面付近に存在するためです。
　もし、液温が低すぎると、ガソリンの蒸発量が減るため、燃焼範囲の下限界未満の濃度の混合気しか生じないため、引火は起こりません。ガソリンの引火点は－40℃以下です。つまり、温度が－40℃以下になると、発生する可燃性混合気の濃度が燃焼の下限界である1.4 vol.%未満になることを意味しています。
　いい方を変えると、「引火点にある液体可燃物の液面上には、燃焼範囲の下限界の濃度の混合気が形成されている」ことになります。このように、引火点とは次のように説明されます。

> 他の熱源を点火源として引火が起こる最低の液温を**引火点**という。

図 3-9-1　引火点の説明

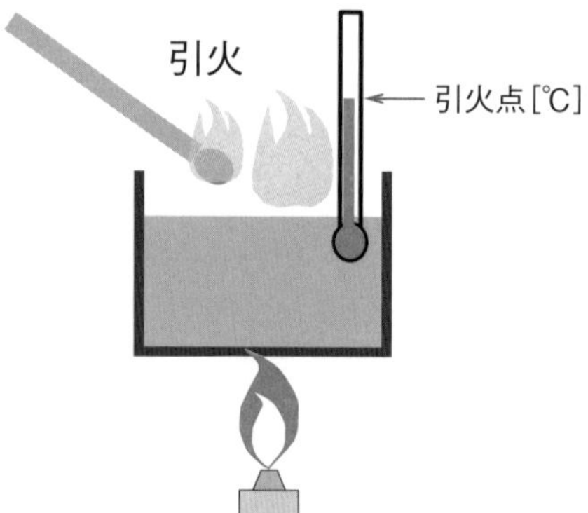

表 3-9-1 に、代表的な物品の引火点と発火点（発火点は次に説明します）を示します。取扱っている可燃性の液体の温度が、その液体の引火点以上である場合には、何らかの火種があると引火する状態です。引火点は、危険物取扱作業上の危険性を判断する重要な情報の１つです。

表 3-9-1　引火点と発火点の例

物品名	引火点	発火点
ガソリン	–40℃※	300℃※
エタノール	13℃	363℃
灯油	40℃	220℃※
軽油	45℃※	220℃※
ジエチルエーテル	–45℃	160℃
ベンゼン	–11℃	498℃
アセトン	–20℃	465℃
重油	60℃※	250℃※
二硫化炭素	–30℃	90℃

※印が付いている物品は、混合物のため種類や品質に応じて数値に幅がある。
参考値として示す。

●発火点

図 3-9-2 に示すように、可燃性液体に火種を近づけなくても、液体自体の温度を上昇させていくと、やがて勝手に燃焼が始まります。これを**発火**と呼びます。発火が起こる最低の液体温度を**発火点**と呼びます。

表 3-9-1 において、ガソリンと軽油の引火点と発火点を比べると、引火点はガソリンの方が低く、発火点は軽油の方が低いことがわかります。この性質が、ガソリンエンジンとディーゼルエンジンの燃焼の特性に対応しています。

ガソリンエンジンは、圧縮した混合気に火花点火で「引火」させて燃焼が開始します。そのため、引火点が低い燃料は、低温でも可燃性の混合気を形成する燃料です。そのため、ガソリンのように引火点が低い燃料が適しています。もし、引火点が高い燃料をガソリンエンジンに使ったら、低温時に始動できなくなるなどの問題が発生します。

ディーゼルエンジンは、圧縮して高温高圧になった空気の中に軽油を噴射して、自己着火で燃焼が開始します。つまり、発火点が低い燃料でなければ、容易に自己着火しません。発火点が高いガソリンをディーゼルエンジンの燃焼室内に噴射しても、うまく自己着火せずに運転ができません。

図 3-9-2　発火点の説明

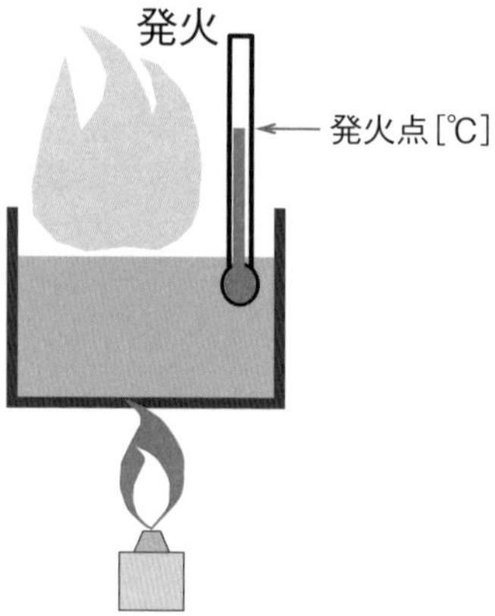

3-10 粉じん爆発

●粉じん爆発とは

可燃性の固体の粉末や微粒子が空気中にある濃度で充満しているとき、何らかの火種によって着火すると、爆発的に燃焼することがあります。これを**粉じん爆発**と呼びます。粉じん爆発は、大きなエネルギーの放出を伴う大爆発を招く恐れがある危険な現象です。粉じん爆発の一般的な特性を次に列挙します。

①粉じんは、通常の可燃性気体混合気による着火に比べて最小着火エネルギーが高いため、着火しにくい。
②気体混合気に着火する場合よりは着火しにくい（だからといって安全という意味ではない）。
③粉じん爆発で生じるエネルギーは、ガス爆発のそれよりも大きい。
④着火は起こりにくいが、着火した際には大きな爆発を招きやすい。
⑤最初の爆発で舞い上がった粉じんが、次々に爆発的に燃焼し、大きな被害が出る危険性がある。
⑥粉じん爆発は、開放空間よりも密閉空間のほうが起こりやすい。
⑦有機化合物による粉じん爆発では、不完全燃焼により一酸化炭素（CO）が発生しやすい。

表 3-10-1　粉じん爆発が起こりやすい条件

粉じん爆発が起きやすい条件	
粒子のサイズ	細かいほうが起きやすい。
粉じんの濃度	粉じん爆発が起こる一定の濃度範囲が存在する。
空気と粉じんの混合状態	よく混ざっているときに起きやすい。

3-11 燃焼が起こりやすい条件

●燃焼の難易

燃焼は、**燃焼の三要素**（可燃物、酸化剤、熱源）がそろうと起こります。そのため、燃焼の三要素を考えて、それが整いやすい条件では燃焼が起こりやすく、三要素がそろいにくい状況にすれば燃焼が起きにくくなります。具体的な条件を図 3-11-1 に記します。

図 3-11-1　燃焼の難易

可燃物の条件がそろいやすい状況

・より酸化されやすい可燃物

・発熱量が大きく、多量の熱を放出する可燃物

・引火点が低い可燃物

・発火点が低い可燃物

など

酸化剤の条件がそろいやすい状況

・空気や酸素との接触面積が多い状況

・酸素の濃度が高い状況

など

熱源の条件がそろいやすい状況

・温度が高い状況
・燃焼熱が大きく熱が供給されやすい状況
・熱伝導率（物体内の熱の移動の起こりやすさ）が小さく熱が逃げにくい状況

以上のように、燃焼の三要素が整いやすい状況が、燃焼しやすい状況です。

日頃の作業における火災の予防のために、燃焼の三要素を考えた安全対策が重要です。具体例として、燃焼の難易を表3-11-1および表3-11-2にまとめます。

表3-11-1　大きいほど燃えやすいもの

項　目	理　由
空気との接触面積	酸化剤が供給されやすいため。
温度	熱源の供給に対応。また、高温ほど化学反応は活発になる。
発熱量	発熱量が大きいほど多量の熱が生じるため。
酸化されやすさ	酸化されやすいほど反応が進行しやすい（発熱しやすい）。
燃焼範囲が広い	可燃物と酸化剤の条件がそろいやすい。

表3-11-2　小さいほど燃えやすいもの

項　目	理　由
熱伝導率	熱伝導率が小さい⇒熱が伝わりにくい⇒熱が逃げにくい⇒温度が下がりにくい⇒燃焼しやすい。
比熱	比熱が小さい⇒温度が上昇しやすい⇒燃焼しやすい。
水分が少ない	乾燥しているため。
引火点・発火点が低い	より低い温度で引火・発火が起こるため。

3-12 消火剤の種類と適応する火災

●火災の種類

火災は、大きく分けるとＡ火災（普通火災）、Ｂ火災（油火災）、Ｃ火災（電気火災）に分類されます。

普通火災（A 火災）

木材、紙など、一般可燃物の燃焼による火災を**普通火災（A 火災）**と呼びます。一般的な住宅火災はＡ火災になります。住宅火災の消火活動にいて、使用する消火剤は水です。消防車で多量の水を放出することで、可燃物の温度を下げて、主に冷却消火を行います。

図 3-12-1　普通火災（A 火災）

油火災（B 火災）

ガソリン、軽油、灯油、重油など、引火性液体による火災を**油火災（B 火災）**と呼びます。第４類の危険物の火災はすべてＢ火災です（図 3-12-2）。第４類の危険物はすべて液体であり、その多くは水に溶けず水より軽いです（水に溶けるものや水より重いものもありますが）。つまり、燃焼している第４類の危険物に水をかけても、危険物が水に浮いて燃焼が継続します。さらには、水によって燃焼している危険物が広範囲に流され、かえって火災が拡大する恐れがあり、Ｂ火災に対して水による消火をしてはいけません。

図 3-12-2　油火災（B 火災）

電気火災（C 火災）

モータ、変圧器など、電気設備による火災を**電気火災（C 火災）**と呼びます。電気火災が起きている個所に、棒状の水（棒状の放水）や泡消火剤を放射すると、通電して感電する恐れがありますので、棒状の水や泡消火剤は適しません。

図 3-12-3　電気火災（C 火災）

●消火剤の種類と適応する火災

消火剤の種類と適応する火災を表 3-12-1 に示します。

表 3-12-1　消火剤の種類と適応火災

消火剤		特徴	消火効果	適応する火災		
				普通	油	電気
水	棒状	・比熱、蒸発熱が大きく、冷却効果が高い	冷却	○	×	×
	霧状			○	×	○
強化液	棒状	・炭酸カリウムの濃厚な水溶液 ・消火後の再燃防止効果あり ・霧状に用いれば油と電気火災に適用可	冷却	○	×	×
	霧状		冷却(抑制)	○	○	○
泡		・泡で燃焼面を覆い、窒息消火する ・水溶性液体には「水溶性液体用泡」を使用	窒息、冷却	○	○	×
ハロゲン化物		・抑制（負触媒）効果と窒息効果で消火する	抑制、窒息	×	○	○
二酸化炭素		・空気より重い不活性ガスで炎を覆う ・酸欠に注意が必要	窒息	×	○	○
粉末	ABC	・リン酸塩を主成分とする万能な消火剤	抑制、窒息	○	○	○
	Na	・炭酸水素ナトリウムを主成分とする消火剤（BC 消火剤）		×	○	○

水と強化液には、液体の噴射法によって「棒状」と「霧状」があります。

棒状は、蛇口から出る水のように 1 本の水流の形状をした噴射形態のことです。

霧状は、霧吹きで噴射したような形状です。通常、「水」と「強化液（主成分は水)」は油火災（第 4 類の火災）には不適ですが、強化液を霧状に噴霧する場合は油火災にも適用可能です。

図 3-12-4　棒状放射と霧状放射

泡消火剤は、泡による窒息効果で消火しますが、アルコールやアセトンなど、水溶性の危険物に泡消火剤を噴射すると、泡が消失してしまいます。そのため、水溶性の危険物の火災に泡消火剤を用いる場合は、「水溶性液体用泡（耐アルコール泡）消火剤」を使用します。

●消火器への適応火災の表示

消火器には、上記のどの火災に適応するかが、次のようなマーク（イラスト）で記されています。

発生した火災がA火災なのか、B火災なのか、C火災なのかに応じて、適正な消火器を使用する必要があります。また、日ごろの業務で危険物や関連設備を取扱う場合には、どのような種類の火災で、どのような消火法が適するのかを把握しておくことが必要です。

図 3-12-5　消火剤が適応する火災

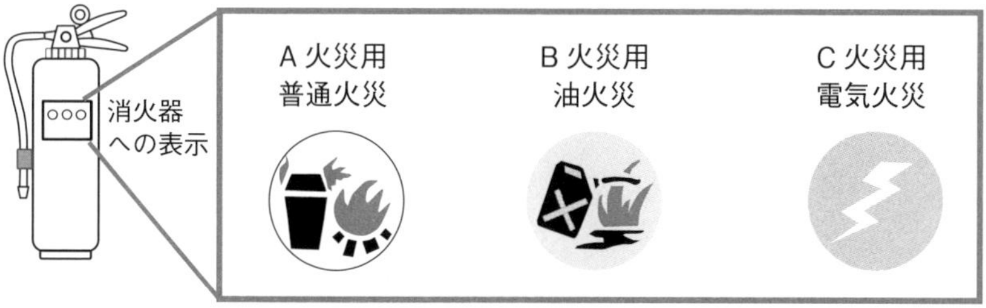

水が持つ消火剤としての能力

水は、紙、木材、住宅などの火災の消火に用いられる代表的な消火剤です。消火剤として水が用いられる理由に、次のようなものがあります。

- 入手と扱いのしやすさ：水は、安価で容易に大量に入手できる。また、人体や環境にも無害。
- 比熱が大きい：水の比熱は約 4.2 kJ/(kg·K) です。つまり、1 kg（1 リットル）の水の温度を 1℃（1 K）上昇させるには、4.2 kJ の熱が必要。例えば、鉄鋼の比熱は 0.46 kJ/(kg·K) 程度であるので、その 10 倍近い比熱を持っている。つまり、水は多量の熱を蓄積できる。いい方を変えると、冷却能力が高いということである。
- 蒸発熱が大きい：大気圧下において、水 1 kg を完全に蒸発させる（すべて気体にさせる）には、2257 kJ の熱が必要。水が沸騰しながら完全に気体になるまでに、それだけの熱を吸収するということである。つまり、水の持つ大きな蒸発熱も、冷却効果として加わる。
- 蒸発すると膨張する：1 気圧で沸点に達した 1 ℓ（約 1 kg）の水があるとする。この水を完全に蒸発させるには 2257 kJ の熱が必要であることを既に説明したが、このとき、水の体積は 1600 ℓ まで増大する。水が気体になる際に膨張することで、周囲の酸素と可燃物が混合するのを防ぐ効果がある。これにより、消火効果が高まる（**窒息消火**と呼ぶ）。

第4章

危険物の種類と性質

消防法上の危険物は第１類から第６類まであります。これらの危険物の類ごとの共通の特性を知っておくことで、基本的な火災予防法が理解できます。さらに、各類の個々の物品の特徴を知っておくことで、より安全な危険物取扱作業を行ううえで重要です。本章では、危険物取扱者試験で出題される可能性がある物品をあげて、それらの性質を説明していきます。

4-1 第 1 類の危険物の共通性状

●第 1 類の危険物

第 1 類（酸化性固体）の危険物の品名と物品名を表 4-1-1 に示します。

表 4-1-1　第 1 類の危険物：酸化性固体

類	品　　名	代表的な物品名
第 1 類 酸化性固体	塩素酸塩類	塩素酸カリウム 塩素酸ナトリウム 塩素酸アンモニウム 塩素酸バリウム
	過塩素酸塩類	過塩素酸カリウム 過塩素酸ナトリウム 過塩素酸アンモニウム
	無機過酸化物	過酸化カリウム 過酸化ナトリウム 過酸化マグネシウム 過酸化カルシウム 過酸化バリウム
	亜塩素酸塩類	亜塩素酸ナトリウム
	臭素酸塩類	臭素酸カリウム
	硝酸塩類	硝酸カリウム 硝酸ナトリウム 硝酸アンモニウム
	よう素酸塩類	ヨウ素酸ナトリウム ヨウ素酸カリウム
	過マンガン酸塩類	過マンガン酸カリウム 過マンガン酸ナトリウム
	重クロム酸塩類	重クロム酸アンモニウム 重クロム酸カリウム
	その他	三酸化クロム 二酸化鉛 亜硝酸ナトリウム 次亜塩素酸カルシウム ペルオキソ二硫酸カリウム

●第１類の共通の特性

基本的な特性

第１類の基本的な特性を次に示します。

・無色の結晶または白色の粉末状である。
・酸化性固体自体は単独では燃焼しない不燃物である。しかし、分子内に酸素を含有するため、加熱、衝撃、摩擦などを加えると分解して酸素を放出し、可燃物の燃焼を促進する。そのため、可燃物との接触は危険である。
・潮解性を有するものがある。**潮解性**とは、大気中の水分などを吸収して溶けて液状になることをいう。潮解性を有するものが溶けて、木材、紙などに染み込み、それが乾燥した場合には、衝撃などで爆発する恐れがある。

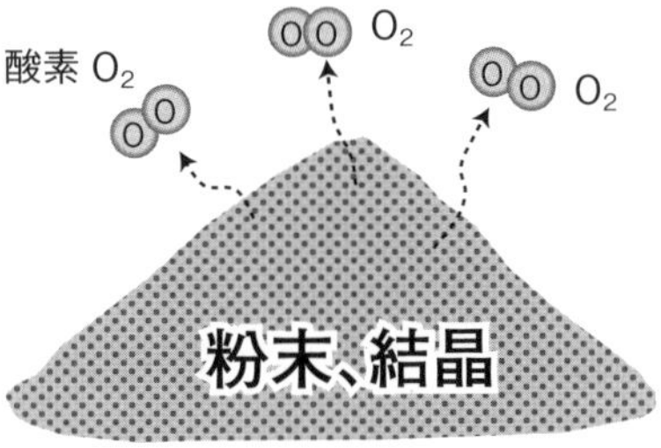

火災予防法

火災予防法を次に示します。

・熱、衝撃、摩擦などを加えない。
・容器は密栓して冷暗所に貯蔵する。
・可燃物、有機物などの酸化されやすい物質と接触させない。
・強酸類と接触させない。

消火の方法

消火の方法を次に示します。

・酸化性固体は、分解して酸素を供給することで可燃物の燃焼を促進している。そのため、大量の水で分解温度以下に冷却することが有効である。
・無機過酸化物は、水と反応して分解し、酸素を放出するため、無機過酸化物が関係する火災の場合には、注水は危険である。

第１類との混載ができない危険物とその理由

危険物の運搬における混載の可否（p.65）に関して、図 2-9-3 で説明したように、第１類の危険物と混載可能なのは、第６類（酸化性液体）のみでした。

この理由を考えてみましょう。第１類も第６類も、分解して酸素供給減になる物質で、それ自体は不燃性です。そのため、これらを混載したことが、直接発火や爆発のしやすさに影響することはないといえます。一方で、第１類と混載ができない、第２類、第３類、第４類、第５類の危険物は、すべて可燃性の危険物です。可燃物に対して、酸素供給源である第１類や第６類の危険物が混ざると、引火、発火、爆発の危険性が非常に高くなります。そのため、混載は厳禁です。

4-2 第1類の危険物の具体的な物品（その1）

●塩素酸塩類

塩素酸塩類は、塩素酸（$HClO_3$）の水素Hが、金属またはほかの陽イオンに置き換わったものです。塩素酸塩類の物品の特性を表4-2-1に示します。

表4-2-1　塩素酸塩類の性状

<table>
<tr><td>物品名
化学式</td><td>塩素酸カリウム
$KClO_3$</td><td>塩素酸ナトリウム
$NaClO_3$</td><td>塩素酸アンモニウム
NH_4ClO_3</td><td>塩素酸バリウム
$Ba(ClO_3)_2$</td></tr>
<tr><td>色</td><td colspan="4">無色</td></tr>
<tr><td>形状</td><td colspan="3">結晶</td><td>粉末</td></tr>
<tr><td rowspan="2">溶解性</td><td rowspan="2">熱水</td><td>水、アルコール</td><td colspan="2" rowspan="2">水</td></tr>
<tr><td>潮解性がある。</td></tr>
<tr><td>性質</td><td>400℃以上で分解して酸素を発生する。</td><td>約300℃で分解し酸素を発生する。</td><td>100℃以上で分解し爆発することがある。</td><td>250℃で分解し酸素を発生する。</td></tr>
<tr><td>危険性</td><td colspan="4">・赤リン、硫黄などの可燃性物質との混合は、わずかな刺激で爆発の危険がある。
・加熱、衝撃、摩擦で爆発の危険がある。
・強酸との接触で爆発の危険がある。
・アンモニア、塩化アンモニウムと反応して不安定な塩素酸塩を生成し、爆発することがある。</td></tr>
<tr><td>火災予防法</td><td colspan="4">・容器は密栓し、換気のよい冷暗所に保存。
・加熱、衝撃、摩擦を避ける。
・分解を促す薬品類との接触を避ける。</td></tr>
<tr><td>消火法</td><td colspan="4">多量の注水により冷却消火</td></tr>
<tr><td>その他</td><td>光沢あり</td><td>潮解して紙等に染み込むと、乾燥した際に衝撃等で爆発の恐れがある。</td><td>常温でも爆発の危険性があり、長期保存はできない。</td><td></td></tr>
</table>

基本的な性質

塩素酸塩類は、いずれも無色の結晶または粉末状であり、加熱すると分解して酸素を発生します。この酸素が、可燃物の燃焼を促進します。そのため、基本的には次の対策を施すことが重要です。

①可燃物との接触を避ける。
②分解を防ぐ。

消火の際には、多量の水で冷却して分解を防ぎ、消火します。

特徴的な事項

塩素酸ナトリウムは、潮解性があるため、空気中の水分を吸って溶けて紙や木材などに染み込みやすいです。溶けた塩素酸ナトリウムが染み込んだ紙や木材が乾燥した状態は、可燃物である紙や木材中に酸化性固体が混入した状態のため、衝撃や摩擦を加えることで爆発する危険性があります。

塩素酸アンモニウムは、100℃程度という比較的低温でも分解する危険性があります。常温でも不安定のため、長期間の保存は適しません。

●過塩素酸塩類

過塩素酸塩類は、過塩素酸（$HClO_4$）の水素Hが、金属またはほかの陽イオンに置き換わったものです。過塩素酸塩類の物品の特性を表4-2-2に示します。

過塩素酸塩類は、塩素酸塩類と同様に、分解して酸素を放出します。塩素酸塩類に準じた取扱いが必要です。

表 4-2-2　過塩素酸塩類の性状

<table>
<tr><td>物品名
化学式</td><td>過塩素酸カリウム
$KClO_4$</td><td>過塩素酸ナトリウム
$NaClO_4$</td><td>過塩素酸アンモニウム
NH_4ClO_4</td></tr>
<tr><td>色</td><td colspan="3">無色</td></tr>
<tr><td>形状</td><td colspan="3">結晶</td></tr>
<tr><td>溶解性</td><td></td><td colspan="2">水、エタノール、アセトン</td></tr>
<tr><td>潮解性</td><td></td><td>あり</td><td></td></tr>
<tr><td>性質</td><td>400℃で分解して酸素を発生する。</td><td>200℃以上で分解し酸素を発生する。</td><td>150℃で分解し酸素を発生する。400℃以上で急激に分解する。</td></tr>
<tr><td>危険性</td><td colspan="3">・赤リン、硫黄などの可燃性物質との混合は、わずかな刺激で爆発の危険がある。
・加熱、衝撃、摩擦で爆発の危険がある。
・強酸との接触で爆発の危険がある。
・アンモニア、塩化アンモニウムと反応して不安定な塩素酸塩を生成し、爆発することがある。</td></tr>
<tr><td>火災
予防法</td><td colspan="3">・容器は密栓し、換気のよい冷暗所に保存する。
・加熱、衝撃、摩擦を避ける。
・分解を促す薬品類との接触を避ける。</td></tr>
<tr><td>消火法</td><td colspan="3">多量の注水により冷却消火する。</td></tr>
</table>

●無機過酸化物

無機化酸化物は、過酸化水素（H_2O_2）の水素Hが、金属に置き換わったものです。無機化酸化物の物品の特性を表 4-2-3 に示します。

表 4-2-3　無機化酸化物の性状

物品名 化学式	過酸化 カリウム K_2O_2	過酸化 ナトリウム Na_2O_2	過酸化 カルシウム CaO_2	過酸化 バリウム BaO_2	過酸化 マグネシウム MgO_2
色	オレンジ	黄白色	無色	灰白色	無色
形状	結晶	粉末	粉末	粉末	粉末
溶解性			酸に溶ける		
潮解性	あり				
吸湿性	あり	あり			あり
性質	490℃以上で分解して酸素を発生する。	約 660 ℃ で分解して酸素を発生する。	275℃以上で爆発的に分解する。	840℃で酸素と酸バリウムに分解する。	加熱すると酸素と酸化マグネシウムに分解する。
	水と作用して熱と酸素を発生する。		酸に溶けて過酸化水素を発生する。		
危険性	水と作用し発熱・爆発の恐れがある。		毒性がある。		
火災予防法	・容器は密栓し、水、可燃物との接触を防ぐ。 ・摩擦や衝撃を避ける。				
			酸との接触を避ける。		
消火法	乾燥砂などをかける（注水禁止）。				

特徴的な事項

無機化酸化物の特徴的な事項は、水と反応しやすいことです。第 1 類の危険物の多くは、消火時に注水して冷却消火を行うのが有効ですが、無機化酸化物に至っては、水による消火が適しません。乾燥砂などを用いて消火します。

●亜塩素酸塩類

亜塩素酸塩類は、亜塩素酸（$HClO_2$）の水素 H が、金属またはほかの陽イオンに置き換わったものです。亜塩素酸塩類の物品の特性を表 4-2-4 に示します。

表 4-2-4　亜塩素酸塩類の性状

物品名 化学式	亜塩素酸ナトリウム $NaClO_2$
色・形状	無色の結晶性粉末
溶解性	水
吸湿性	あり
性質	・加熱すると分解し酸素を発生し、塩素酸ナトリウムと塩化ナトリウムが生じる。 ・直射日光や紫外線で分解する。 ・強酸との混合で刺激臭のある二酸化塩素ガスを生じ、高濃度のものは爆発の恐れがある。
危険性	・日光・紫外線で分解する。 ・金属（鉄、銅など）を腐食する。 ・皮膚粘膜を刺激する。
火災予防法	・直射日光を回避する。 ・酸、有機物、還元性物質と隔離する。
消火法	多量の水で注水消火、爆発の恐れがあるので注意が必要。

第 1 類危険物の品名の見分け方

第１類の品名だけでもさまざまなものがあり、覚えるのは大変です。第１類の危険物であることを忘れない方法として、「○○酸塩類」と呼ばれるものは第１類の危険物であると覚えると便利です。第１類の○○酸塩類と呼ばれない危険物は「無機過酸化物」（およびその他）です。このようにすると、覚えやすいでしょう。また、第１類の消火には基本的には水が適しますが、「無機過酸化物」のみ、水と作用して分解し酸素を放出するため、水での消火が適さないと覚えておきましょう。

第１類の品名

1. ○○酸塩類と名の付くもの
   「塩素酸塩類」「過塩素酸塩類」「亜塩素酸塩類」「臭素酸塩類」「硝酸塩類」「よう素酸塩類」「過マンガン酸塩類」「重クロム酸塩類」
2. 無機過酸化物
3. その他（三酸化クロムなど）

4-3 第1類の危険物の具体的な物品（その2）

●臭素酸塩類

臭素酸塩類は、臭素酸（$HBrO_3$）の水素Hが、金属または他の陽イオンに置き換わったものです。臭素酸塩類の物品の特性を表4-3-1に示します。

表4-3-1　臭素酸塩類の性状

物品名 化学式	臭素酸カリウム $KBrO_3$
色・形状	無色の結晶性粉末
溶解性	・水に溶ける ・アルコールに溶けにくく、アセトンには溶けない。
潮解・吸湿性	特になし。
性質	加熱すると370℃で分解しはじめ、酸素と臭化カリウムを発生する。
危険性	・衝撃で爆発の恐れがある。 ・有機物と混合すると加熱、摩擦などで爆発の恐れがある。
火災予防法	酸、有機物、硫黄の混入や接触を避ける。
消火法	注水する。

●硝酸塩類

硝酸塩類は、硝酸（HNO_3）の水素Hが、金属または他の陽イオンに置き換わったものです。硝酸塩類の物品の特性を表4-3-2に示します。

表 4-3-2　硝酸塩類の性状

物品名 化学式	硝酸カリウム KNO_3	硝酸ナトリウム $NaNO_3$	硝酸アンモニウム NH_4NO_3
形状	無色の結晶		
溶解性	水		水、エタノール、メタノール
潮解性 吸湿性		潮解性	吸湿性
性質	400℃で分解して酸素を発生する。	380℃で分解し酸素を発生する。	約 210℃で分解し酸素を発生する。
危険性	・加熱により酸素を発生する。 ・可燃物、有機物との混合は衝撃や摩擦で爆発の恐れがある。		
火災予防法	・容器は密栓する。 ・加熱、衝撃、摩擦を避ける。 ・可燃物や有機物とは隔離する。		
消火法	注水する。		
補足事項	黒色火薬の原料	反応性は硝酸カリウムよりは劣る。	・アルカリ性の物質と反応しアンモニアを生成する。 ・肥料、火薬の原料。 ・分解すると亜酸化窒素を生じ、さらに加熱すると爆発的に分解する。

●ヨウ素酸塩類

ヨウ素酸塩類は、ヨウ素酸（HIO_3）の水素 H が、金属または他の陽イオンに置き換わったものです。ヨウ素酸塩類の物品の特性を表 4-3-3 に示します。

表 4-3-3　ヨウ素酸塩類の性状

物品名 化学式	ヨウ素酸ナトリウム $NaIO_3$	ヨウ素酸カリウム KIO_3
形状	無色の結晶	
溶解性	水	
潮解性・吸湿性	特になし。	
性質	加熱すると分解し酸素を発生する。	
危険性	可燃物を混合して加熱すると爆発の恐れがある。	
火災予防法	・加熱、可燃物の混入や接触と加熱を避ける。 ・容器は密栓する。	
消火法	注水する。	

●過マンガン酸塩類

過マンガン酸塩類は、過マンガン酸（$HMnO_4$）の水素Hが、金属または他の陽イオンに置き換わったものです。過マンガン酸塩類の物品の特性を表4-3-4に示します。

表 4-3-4　過マンガン酸塩類の性状

物品名 化学式	過マンガン酸カリウム $KMnO_4$	過マンガン酸ナトリウム $NaMnO_4 \cdot 3H_2O$
色	赤紫色	
形状	金属光沢をもつ結晶	粉末
溶解性	水	
潮解性・吸湿性		潮解性
性質	200℃で分解し酸素を発生する。	170℃で分解し酸素を発生する。
危険性	・硫酸を加えると爆発の危険性がある。 ・可燃物、有機物との混合は衝撃や摩擦で爆発の恐れがある。	
火災予防法	・容器は密栓する。 ・加熱、摩擦、衝撃を避ける。 ・酸、有機物、可燃物と隔離する。	
消火法	注水する。	

●その他のもので政令で定めるもの

上記以外で、政令で定められている第1類の危険物の性状を表4-2-8および表4-3-5に示します。

表 4-3-5　その他の政令で定められている第 1 類危険物の性状

物品名 化学式	三酸化クロム CrO_3	二酸化鉛 PbO_2	亜硝酸ナトリウム $NaNO_2$	次亜塩素酸カルシウム (高度さらし粉) $Ca(ClO)_2 \cdot 3H_2O$
形状	暗赤色の針状結晶	黒褐色の粉末	白色、淡黄色の固体	白色の粉末
溶解性	水	酸、アルカリ	水	
潮解性 吸湿性	潮解		吸湿	吸湿
性質	強酸化剤で、加熱すると250℃で分解し酸素を発生する。	金属並みの導電率で、電極にも用いられる。	水溶液はアルカリ性。酸で分解し三酸化二窒素 N_2O_3 を発生する。	・水と反応して塩化水素を発生する。 ・強い塩素臭がある。 ・プールの消毒に利用する。
危険性	・有毒で皮膚を腐食する。 ・水を加えると腐食性が強い酸になる。	・毒性が強い。 ・光分解や加熱で酸素を発生する。 ・塩酸に溶かすと塩素を発生する。	可燃物と混合されると発火し急激に燃焼することがある。	・光や熱で急激に分解する。 ・水溶液は容易に分解し酸素を発生する。 ・アンモニア、アンモニア塩類との混合は爆発の恐れがある。
火災予防法	可燃物、アルコールなどとの接触を避ける。	加熱を避ける。	・加熱、摩擦、衝撃を避ける。 ・異物混入を避ける。 ・容器は密栓する。	
消火法	注水する。			

表 4-3-6　その他の政令で定められている第 1 類危険物の性状

物品名 化学式	ペルオキソ二硫酸カリウム $K_2S_2O_8$
形状	白色の結晶または粉末
溶解性	熱水（水にはわずかに溶ける）。
性質	加熱すると 100℃で分解し酸素を発生する。
危険性	・燃焼促進性が強い。 ・可燃物と混合すると発火しやすく、激しく燃焼する。
火災予防法	・乾燥状態で冷暗所に保存する。 ・容器は密栓する。 ・可燃物等との接触を避ける。
消火法	注水する。

第 1 類：酸化性固体の特徴

・それ自体は不燃物だが、酸素供給体（強酸化剤）のため、可燃物と混合した状態での加熱や衝撃により、発火、爆発を起こす恐れがある。
・多くは、多量の水による冷却消火が適する。しかし、無機過酸化物（過酸化○○と呼ばれる物品）は、水と接触し酸素を放出するので水による消火が適さない。
・多くは無色か白色の結晶である（一部、色があるものもある）。
・比重は 1 を超える（水に沈む）。

4-4 第2類の危険物の共通性状

●第2類の危険物

第2類（可燃性固体）の危険物の品名と物品名を表4-4-1にまとめます。

表4-4-1　第2類の危険物：可燃性固体

類	品　名	物　品　名
第2類 可燃性固体	硫化リン	三硫化りん 五硫化りん 七硫化りん
	赤リン	
	硫黄	
	鉄粉	
	金属粉	アルミニウム粉 亜鉛粉
	マグネシウム	
	引火性固体	固形アルコール ゴムのり ラッカーパテ

●第2類の共通の特性

基本的な特性

第2類の基本的な特性を次に示します。

・可燃性の固体であり、酸化、燃焼しやすい。
・一般に、比重は1より大きい。
・それ自体が有毒なものや、燃焼して有毒ガスが生じるものがある。
・酸化剤との接触や混合は、打撃や摩擦等で爆発の恐れがある。
・微粉状の物は粉じん爆発の危険性がある。
・水や酸と反応して、可燃性ガス（水素）を生じるものがある。
・アルカリと反応して水素が生じるものがある。

火災予防法

火災予防法を次に示します。

・炎、火花、高温物体などに近づけない。

・密栓して冷暗所に貯蔵する。

・鉄粉、金属粉、マグネシウムなどは、水や酸と接触させない。

・粉じん爆発の恐れがある場合、「換気」「静電気蓄積防止」「使用する電気設備を防爆構造にする」「不活性ガスを封入する」などの対策をとる。

消火の方法

消火の方法を次に示します。

・硫化リン、鉄粉、金属粉、マグネシウムなど、水と反応して有毒ガスや可燃性ガスを出す物品には、水系の消火剤（水、強化液、泡消火剤）を使ってはいけない。乾燥砂などで窒息消火する。

・引火性固体は、泡消火剤、粉末消火剤、二酸化炭素消火剤、ハロゲン化物消火剤などを用いて窒息消火する。

・赤リン、硫黄は、注水、泡消火剤、強化液消火剤などで冷却消火するか、乾燥砂などで窒息消火する。

4-5 第2類の危険物の具体的な物品（その1）

●硫化リン

硫化リンは、リン（P）の硫化物で、硫黄（S）との組成比に応じて、三硫化リン、五硫化リン、七硫化リンがあります。硫化リンの特性を表4-5-1に示します。

表4-5-1　硫化リンの性状

物品名 化学式	三硫化リン （三硫化四リン） P_4S_3	五硫化リン （五硫化二リン） P_2S_5	七硫化リン （七硫化四リン） P_4S_7
形状	黄色または淡黄色の結晶		
比重 融点 沸点	2.03 172.5℃ 407℃	2.09 290.2℃ 514℃	2.19 310℃ 523℃
	比重、融点、沸点ともに『三硫化リン＜五硫化リン＜七硫化リン』の順に高くなる。		
溶解性	二硫化炭素		
	ベンゼン	—	—
性質・ 危険性	・水、熱水と作用して有毒で可燃性の硫化水素 H_2S を発生する。 ・燃焼すると二酸化硫黄（SO_2）などの有毒ガスを発生する。		
火災予 防法	・加熱、摩擦、衝撃を避ける。 ・水分と接触させない。 ・容器は密栓し、換気のよい冷暗所に保管する。		
消火法	・乾燥砂または不活性ガス消火剤で窒息消火する。 ・水の使用は厳禁（有毒ガスが発生するため）。		
その他	100℃で発火する。		

●赤リン

赤リンは、リン（P）の同素体の１つで、黄リン（第３類の危険物）を窒素雰囲気下において、250℃で数時間加熱すると得られます。赤リンは、マッチの材料などに用いられています。赤リンの特性を表 4-5-2 に示します。

表 4-5-2　赤リンの性状

物品名 化学式	赤リン P
形状	赤褐色の粉末
比重	2.1 ～ 2.3
溶解性	水、二硫化炭素、ベンゼンに不溶
性質・危険性	・260℃で発火して酸化リン(十酸化四リンなど）になる。 ・約 400℃まで加熱すると昇華する。 ・マッチ側面の材料に用いられる。 ・臭気も毒性もない。 ・燃焼すると毒性があるリン酸化物を生じる。 ・粉じん爆発することがある。 ・もとは、自然発火性がある黄リンから製造されるため、黄リンを含有している場合には自然発火する恐れがある。
火災予防法	・火気を避ける。 ・酸化剤との混合を避ける。 ・容器は密栓し、冷暗所に保管する。
消火法	注水する。

●硫黄

硫黄（S）は、同素体として斜方硫黄、単斜硫黄、ゴム状硫黄などが存在します。硫黄は、ゴム、硫酸、黒色火薬などの材料に用いられます。硫黄の特性を表 4-5-3 に示します。

表 4-5-3　硫黄の性状

物品名 化学式	硫黄 S
形状	斜方硫黄：黄色の固体、 単斜硫黄：淡黄色の固体、 ゴム状硫黄：褐色の固体
比重	1.8
融点	115℃
溶解性	二硫化炭素
性質・危険性	・約 360℃で発火し、有毒な二酸化硫黄 SO_2(亜硫酸ガス)を生じる。 ・酸化剤と混ざると、火種や衝撃などで爆発する恐れがある。 ・電気を通しにくく、摩擦すると静電気が発生しやすい。 ・粉じん爆発することがある。
火災予防法	・火気を避ける。 ・酸化剤との混合を避ける。 ・容器は密栓し、換気のよい冷暗所に保管する。 ・融点が 115℃と低いため、燃焼時に流動しやすい。また、融点が低いため、溶融状態で保存されることもある。 ・粉末状のものは、クラフト紙、内袋付きの麻袋に詰めて貯蔵する。
消火法	流動しないように水と土砂を使って消火する。

●鉄粉

鉄粉は、第 2 類の危険物に該当します。ただし、粒径が大きいものは火災の危険度が減少するため、危険物には該当しません。具体的には、目開き 53 μm（0.053 mm）の網ふるいを通過するものが 50％未満の大きいサイズの鉄粉は、危険物に該当しません。鉄粉の特性を表 4-5-4 に示します。

表 4-5-4　鉄粉の性状

物品名 化学式	鉄粉 Fe
形状	灰白色の金属結晶
比重	7.9
融点	1,535℃
沸点	2,750℃
性質・危険性	・酸に溶けて水素を発生。アルカリとは反応しない。 ・油の染みた切削屑は、自然発火する恐れがある。 ・微粉状のものは粉じん爆発する恐れがある。 ・燃焼すると酸化鉄 Fe_2O_3 になる。
火災予防法	・酸との接触を避ける。 ・火気や加熱を避ける。 ・湿気を避け、容器は密封する。
消火法	乾燥砂などで窒息消火する。

粉じん爆発に注意

第２類の危険物は可燃性の固体ですが、特に粉末状のものは、粉じん爆発を起こす危険性があります。赤リン（赤褐色の粉末）、硫黄（粉末状のもの）などは、特に粉じん爆発の危険性があるため、以下の点に注意が必要です。

・粉じんの堆積を防ぐ。
・粉じんの浮遊を防ぐため、十分な換気をし、粉じんの濃度を燃焼範囲未満に保つ。
・使用する電気設備は防爆構造のものにする。
・火気を避ける。
・静電気の蓄積を防ぐ。

4-6 第2類の危険物の具体的な物品（その2）

●金属粉

金属粉には、アルミニウム粉と亜鉛粉が該当します。金属粉は、目開きが150 µmの網ふるいを通過するものが50%未満のものは除外されます。金属粉の特性を表4-6-1に示します。

●マグネシウム

マグネシウムは、目開きが2 mmの網ふるいを通過しない塊状のものは、直径2 mm以上の棒状のものは除外されます。マグネシウムの特性を表4-5-3に示します。

表4-6-1　金属粉とマグネシウムの性状

物品名 化学式	アルミニウム粉 Al	亜鉛粉 Zn	マグネシウム Mg
形状	銀白色の粉末	灰青色の粉末	銀白色の結晶
比重	2.7（軽金属）	7.1	1.7（軽金属）
融点	660℃	419.5℃	649℃
性質・危険性	・酸・アルカリと反応し水素を発生する。 ・水と徐々に反応し水素を発生する。 ・空気中の水分およびハロゲン元素と接触し、自然発火する恐れがある。 ・微粉状のものは粉じん爆発する恐れがある。 ・燃焼すると酸化物になる（Alは酸化アルミニウム、Znは酸化亜鉛になる）。		・点火すると白光を放ち激しく燃焼し、酸化マグネシウムになる。 ・希薄な酸、熱水と反応し水素を発生する。 ・空気中の水分と反応し、自然発火する恐れがある。 ・酸化剤と混合すると加熱や衝撃で爆発する恐れがある。
火災予防法	・酸化剤と混合させない。 ・水分およびハロゲン化物との接触を避ける。 ・火気や加熱を避ける。 ・容器は密封する。		・酸化剤との接触を避ける。 ・水分との接触を避ける。 ・火気を近づけない。 ・容器は密栓し冷暗所に保存する。
消火法	・乾燥砂 ・金属火災用消火剤（注水厳禁）		

●引火性固体

引火性固体は、固形アルコール、その他1気圧において引火点が40℃未満のものを指します。常温（20℃）で可燃性蒸気を発生するため、引火の危険性があります。引火性固体の特性を表4-6-2に示します。

表 4-6-2　引火性固体の性状

物品名 化学式	固形アルコール	ゴムのり	ラッカーパテ
形状	乳白色のゲル状	ゲル状の固体	
性質	メタノールやエタノールを凝固剤で固めたもの。	・生ゴムを石油系溶剤（ベンジンなど）に溶かした接着剤 ・水に溶けない。	下塗り用塗料で、溶剤などからなる。
危険性	常温程度以下で可燃性蒸気が生じるため、引火しやすい。		
火災予防法	・容器に入れ密栓し、換気のよい冷暗所に保存する。 ・火気を近づけない。		
消火法	泡、二酸化炭素、粉末消火剤、ハロゲン化物消火剤が有効。		

4-7 第3類の危険物の共通性状

●第3類の危険物

第3類（自然発火性物質及び禁水性物質）の危険物の品名と物品名を表4-7-1に示します。

表4-7-1　第3類の危険物：自然発火性物質および禁水性物質

類	品　名	代表的な物品名
第3類 自然発火性物質 および 禁水性物質	カリウム	
	ナトリウム	
	アルキルアルミニウム	
	アルキルリチウム	ノルマルブチルリチウム
	黄リン	
	アルカリ金属および アルカリ土類金属	リチウム カルシウム バリウム
	有機金属化合物	ジエチル亜鉛
	金属の水素化物	水素化ナトリウム 水素化リチウム
	金属のリン化物	リン化カルシウム
	カルシウムの炭化物 アルミニウムの炭化物	炭化カルシウム 炭化アルミニウム
	その他	トリクロロシラン

●第３類の共通の特性

基本的な特性

第３類の基本的な特性を次に示します。

・空気や水と反応し、発火する恐れがある。
・空気や水との接触を避けるため、不活性ガス封入容器内や保護液（石油、水）中に貯蔵される物品がある。
・無機化合物と有機化合物の双方がある。
・多くは、自然発火性と禁水性の両方の性質を有する。
・自然発火性のみを有するものもある（黄リン）。
・禁水性のみを有するものもある（塊状のリチウム）。

火災予防法

火災予防法を次に示します。

・容器は密栓して冷暗所に貯蔵する。
・自然発火性の物品は、空気との接触を避ける。
・禁水性の物品は、水や水分との接触を避ける。
・保護液中に貯蔵される物品は、保護液から露出させないように注意する。

消火の方法

消火の方法を次に示します。

・乾燥砂、膨張ひる石、膨張真珠岩で覆って窒息消火する。
・禁水性ではない黄リンのみ、水系（水、泡、強化液）の消火剤も使用できる（それ以外の物品は、水系の消火剤は使用不可）。
・禁水性の物品は、粉末消火剤も使用できる。

4-8 第3類の危険物の具体的な物品（その1）

●カリウムとナトリウム

カリウムとナトリウムはアルカリ金属で、水、空気中の水分、アルコール、ハロゲン元素と反応します。これらの特性を表4-8-1に示します。

表4-8-1　カリウムおよびナトリウムの性状

物品名 化学式	カリウム K	ナトリウム Na
形状	銀白色の軟らかい金属	
比重	0.86	0.97
融点	カリウム:63.2℃、ナトリウム:97.8℃、ともに100℃未満で融解する。	
性質	・水と激しく反応して水素を発生する。 ・アルコールと激しく反応して水素を発生する。 ・空気中の水分とも反応し水素と熱を発生する。 ・ハロゲン元素と激しく反応する。 ・強い還元作用を有する。 ・金属材料を腐食する。	
危険性	・水と作用して発熱しつつ可燃性の水素を発生する。 ・長時間空気に触れると自然発火する恐れがある。 ・触れると皮膚を侵す。	
火災予防法	・水分との接触を避け、乾燥した場所に保存する。 ・水の侵入を避けるため、貯蔵する建物の床面は地盤面以上にする。 ・保護液中に小分けして貯蔵する。 ・保護液として石油（灯油、流動パラフィンなど）の中に保存する。	
消火法	乾燥砂などで窒息消火（注水は厳禁）	
補足事項	融点以上に加熱すると紫の炎色反応を起こしつつ燃える。	・融点以上に加熱すると黄色の炎色反応を起こしつつ燃える。 ・反応性はカリウムよりはやや劣る。

●アルキルアルミニウムおよびアルキルリチウム

アルキルアルミニウム及び**アルキルリチウム**は、アルキル基（C_nH_{2n+1}）にアルミニウムまたはリチウムが結合した構造を持っています。水、空気と激しく反応して発火する危険性があるため、貯蔵の際には、空気との接触も避ける必要があります。アルキルアルミニウムおよびアルキルリチウムの特性を表4-8-2に示します。

表4-8-2　アルキルアルミニウムおよびアルキルリチウムの性状

物品名 化学式	アルキルアルミニウム	ノルマルブチルリチウム （アルキルリチウムの一種） $(C_4H_9)Li$
形状	無色の液体（一部は固体）	黄褐色の液体
比重	0.83 ～ 1.10	0.84（水より軽い）
溶解性	ベンゼン、パラフィン系炭化水素（例：ヘキサン）などの溶媒に溶ける。	
性質	・アルキル基の炭素数およびハロゲン数が多いほど、水や空気との反応性が低くなる。 ・ヘキサン、ベンゼンなどの溶剤で希釈すると反応性が低くなる。	
危険性	・空気、水と激しく反応して発火する。 ・200℃付近で分解し、エタン、アルミニウムなどを発生する。 ・皮膚に触れると火傷を起こす。 ・燃焼時に刺激のある白煙を生じ、多量に吸引すると気管や肺が侵される。	・空気と接触すると白煙を出し、やがて燃焼する。 ・水、アルコール類などと激しく反応する。
火災 予防法	・窒素などの不活性ガス中で貯蔵する（空気や水と接触させない）。 ・容器内に窒素等の不活性ガスを充填して貯蔵する。	
消火法	・一般に、消火は困難である。乾燥砂、膨張ひる石、膨張真珠岩などで流出を防ぎつつ、燃え尽きるまで監視する。 ・水系の消火剤（放水、泡消火剤）の使用は厳禁。 ・ハロゲン化物とも激しく反応して有毒ガスを生じる。	

●黄リン

黄リンは、リンの同素体であり、自然発火性を有します。水とは反応しないため、水中に沈めて保存します。黄リンの特性を表 4-8-3 に示します。

表 4-8-3　黄リンの性状

物品名 化学式	黄リン P
形状	白色、淡黄色のろう状の固体
比重	1.82
融点	44℃（融点が低く燃焼時に流動しやすい）
溶解性	ベンゼン、二硫化炭素
性質	・暗所では青白色に発光する。 ・空気中で徐々に酸化し、約 50℃で自然発火し、十酸化四リン（五酸化二リン）（P_4O_{10}）になる。 ・ハロゲンと反応し有毒ガスを生じる。 ・硝酸と反応してリン酸を生じる。
危険性	・発火点が低いため空気中に放置されると白煙を生じ激しく燃焼する。 ・猛毒を有する。また、皮膚に触れると火傷する恐れがある。
火災予防法	空気に接触しないよう、水中に保存する。
消火法	融点が 44℃と低く、流動するため、水と土砂を用いて消火する。

●アルカリ金属

アルカリ金属は、水と反応して水素を生じます。すでに出てきたカリウムとナトリウム以外の第 3 類の危険物として、リチウム Li の特性を表 4-8-4 に示します。リチウムは銀白色の金属で、水と反応して水素を発生します。

表 4-8-4　リチウムの性状

物品名 化学式	リチウム Li
形状	銀白色の金属結晶
比重	0.5
融点	180.5℃
沸点	1347℃
性質	・固体単体の中で最も比重が小さい（同じ体積の水よりも軽い）。 ・固体金属の中で最も比熱が大きい。 ・燃焼すると深赤色の炎色反応を示す。 ・ハロゲンと反応してハロゲン化物を生じる。
危険性	・水と激しく反応して水素を発生する。 ・固形の場合、融点以上に加熱すると発火する。 ・微分状の場合、常温でも発火することがある。 ・反応性はカリウムやナトリウムほどは高くない。
火災予防法	・水との接触を避け、容器は密栓する。 ・火気や加熱を避ける。
消火法	乾燥砂などを用いて窒息消火（注水厳禁）する。

炎色反応

アルカリ金属およびアルカリ土類金属を火炎にさらすと、それぞれの元素に特有の色で発光します（特有の波長の発光が起こる）。これを炎色反応と呼びます。代表的なアルカリ金属・アルカリ土類金属の炎色反応を次に記します。

アルカリ金属およびアルカリ土類金属の炎色反応

アルカリ金属			アルカリ土類金属		
リチウム Li	ナトリウム Na	カリウム K	カルシウム Ca	ストロンチウム Sr	バリウム Ba
赤	黄	赤紫	橙赤	紅	黄緑

4-9 第3類の危険物の具体的な物品（その2）

●アルカリ土類金属

アルカリ土類金属は、アルカリ金属に比べると反応性は低いですが、アルカリ金属に準じた危険性を有します。第3類の危険物として、カルシウムCaおよびバリウムBaの性状を表4-9-1に示します。リチウムは銀白色の金属で、水と反応して水素を発生します。

表4-9-1　カルシウムおよびバリウムの性状

物品名 化学式	カルシウム Ca	バリウム Ba
形状	銀白色の金属結晶	銀白色の金属結晶
比重	1.6	3.6
融点	845℃	727℃
沸点	1,494℃	1,850℃
性質	・空気中で強熱すると橙赤色の炎を出し燃焼し、酸化カルシウム（生石灰）を発生する。 ・水素と200℃以上で反応し水素化カルシウムになる。	燃焼すると黄緑色の炎を出し、酸化バリウムを発生する。
危険性	水と反応して水素を発生する。	
火災予防法	・水との接触を避け、容器は密栓する。 ・火気や加熱を避ける。	
消火法	乾燥砂などを用いて窒息消火（注水厳禁）する。	
補足事項	アルカリ土類金属のため、アルカリ金属に比べると反応性は大きくない。	

●有機金属化合物

有機金属化合物は、金属と有機化合物が結合したものを指します。第3類の危険物として、ジエチル亜鉛の性状を表4-9-2に示します。**ジエチル亜鉛**は、空気中で自然発火します。また、水やアルコールなどと反応して可燃性である炭化水素のガスを発生します。空気との接触を避けるために、不活性ガスの中で貯蔵します。

表4-9-2　ジエチル亜鉛の性状

物品名 化学式	ジエチル亜鉛 $(C_2H_5)_2Zn$
形状	無色の液体
比重	1.2
溶解性	ジエチルエーテル、ベンゼン
性質	・水と激しく反応する。 ・空気中で自然発火する。
危険性	水、アルコール、酸と激しく反応して可燃性ガス（エタンなど）を生じる。
火災予防法	容器は密栓し、窒素などの不活性ガス中に貯蔵する。
消火法	・粉末消火剤を用いる。 ・水系の消火剤は使用厳禁。 ・ハロゲン系消火剤と反応して有毒ガスを生じるので使用できない。

●金属の水素化物

金属の水素化物は、水素と金属との化合物です。金属の水素化物として、水素化ナトリウムと水素化リチウムの性状を表4-9-3に示します。金属の水素化物は、加熱すると水素と金属に分解します。このとき、水素化ナトリウムでは金属ナトリウム、水素化リチウムでは金属リチウムが発生します。これらは水や水分と激しく反応する物質のため、発火や爆発の危険性があります。

表 4-9-3　金属の水素化物の性状

物品名 化学式	水素化ナトリウム NaH	水素化リチウム LiH
形状	灰色の結晶	白色の結晶
比重	1.4	0.82
融点	800℃	680℃
溶解性	特になし	
性質	・高温ではナトリウムと水素に分解する。 ・乾燥した空気中では安定で、230℃以上でないと O_2 と反応しない。 ・還元性が高く、金属酸化物、塩化物から金属を遊離する。	・高温ではリチウムと水素に分解する。 ・還元性が高い。
危険性	・湿った空気中で分解し、水と激しく反応して水素と熱を発生する。 ・酸化剤との混触による発熱、発火する恐れがある。 ・有毒である。	水または水蒸気と接すると水素と熱を出して激しく反応する。
火災 予防法	・酸化剤、水分との接触を避ける。 ・容器に窒素等を封入して保存する。	
消火法	・乾燥砂、消石灰、ソーダ灰で窒息消火する。 ・水や泡の使用は厳禁。	

●金属のリン化物

金属のリン化物は、リンと金属との化合物です。金属のリン化物として、リン化カルシウムの性状を表 4-9-4 に示します。

表 4-9-4　金属のリン化物の性状

物品名 化学式	リン化カルシウム Ca_3P_2
形状	暗赤色（赤褐色）の塊状固体結晶または粉末
比重	2.51
融点	1600℃
溶解性	アルカリには溶けない。
性質	水および弱酸と激しく反応し、リン化水素（ホスフィン）を生じる。
危険性	水と反応して生じるリン化水素は、無色、悪臭、可燃性である。
火災予防法	・水分、湿気のない乾燥した場所に保存する。 ・容器は密栓する。
消火法	乾燥砂を使用する。

4-10 第3類の危険物の具体的な物品（その3）

●カルシウムまたはアルミニウムの炭化物

カルシウムまたは**アルミニウムの炭化物**は、炭素とアルカリ金属またはアルカリ土類金属との化合物を指します。具体的な物品として、炭化カルシウムと炭化アルミニウムの性状を表4-10-1に示します。

カルシウムまたはアルミニウムの炭化物は、水と作用して可燃性ガスを発生します。

表4-10-1　炭化カルシウムおよび炭化アルミニウムの性状

物品名 化学式	炭化カルシウム CaC_2	炭化アルミニウム Al_4C_3
形状	純粋なものは無色透明または白色の結晶	
	通常は不純物を含み灰色を呈する。	通常は不純物を含み黄色を呈する。
比重	2.2	2.37
融点	2300℃	2200℃
溶解性	特になし	
性質	・水と反応して発熱しつつアセチレンガスと水酸化カルシウムを生成する。 ・高温では強い還元性を有する。 ・高温で窒素と反応して石灰窒素が生じる。	水と反応してメタンを生成する。
危険性	・炭化カルシウム自体は不燃性だが、水と作用して可燃性のアセチレンガスを生成する。 ・アセチレンは、銅、銀、水銀と作用して爆発性物質を生成する。	水と作用して可燃性のメタンガスを生成する。
火災予防法	・水分、湿気のない乾燥した場所に保存する。 ・容器は密栓する。 ・必要に応じ、容器に窒素等を封入して保存する。	
消火法	・乾燥砂や粉末消火剤を用いて消火する。 ・水の使用は厳禁。	

●トリクロロシラン

トリクロロシランは、塩素化ケイ素化合物の一種です。その性状を表4-10-2に示します。トリクロロシランは、無色の液体で、可燃性の蒸気を生じ、火気によって引火や爆発の恐れがあります。また、水と作用して、発熱、発火、爆発する恐れもあります。

表4-10-2　トリクロロシランの性状

物品名 化学式	トリクロロシラン $SiHCl_3$
形状	無色の液体
溶解性	水、ベンゼン、ジエチルエーテル、二硫化炭素
引火性	引火点−14℃、燃焼範囲 1.2 〜 90.5 vol.% であり、低い引火点と広い燃焼範囲をもつ。
性質	・水に溶けて加水分解し、塩化水素を発生する。 ・有毒で揮発性、刺激臭がある。 ・酸化剤と混合すると爆発的に反応する。 ・水の存在下では、ほとんどの金属を侵す。
危険性	・可燃性ガスであり、空気との混合により広い範囲で爆発性の混合気を形成する。 ・水、水蒸気と反応して発熱・発火する恐れがある。
火災予防法	・水分、湿気に触れないよう密栓した容器内に保存する。 ・通風をよくする。 ・火気、酸化剤を近づけない。
消火法	・乾燥砂、膨張ひる石、膨張真珠岩による窒息消火する。 ・水の使用は厳禁。

4-11 第 4 類の危険物の共通性状

●第 4 類の危険物

第 4 類（引火性液体）の危険物の品名と物品名を表 4-11-1 にまとめます。

表 4-11-1　第 4 類の危険物：引火性液体

類	品　名	代表的な物品名
第 4 類 引火性液体	特殊引火物	ジエチルエーテル 二硫化炭素 アセトアルデヒド 酸化プロピレン
	第 1 石油類	ガソリン、ベンゼン、トルエン、アセトン、ピリジン
	アルコール類	メタノール、エタノール
	第 2 石油類	灯油、軽油、キシレン、酢酸
	第 3 石油類	重油、クレオソート油、アニリン、グリセリン
	第 4 石油類	ギヤー油、シリンダー油
	動植物油類	ヤシ油、アマニ油（よう素価高く自然発火しやすい）

●第 4 類の共通の特性

基本的な特性

第 4 類の基本的な特性を次に示します。

- 引火性の液体であり、空気と混合し可燃性蒸気をつくり引火しやすい。
- 蒸気比重はすべて 1 より大きいため、空気に沈んで底部に滞留しやすい。
- 液体比重は 1 より小さいものが多い（水に浮くものが多い）が、一部、液体比重が 1 を超えるものもある。
- 水に溶けないものが多いが、一部、水に溶けるものもある。
- 電気の不良導体のものが多く、それらは静電気を発生・蓄積しやすい。

火災予防法

火災予防法を次に示します。

・みだりに蒸気を発生させない。
・炎、火花、熱などの熱源との接触を避け、容器を密栓して冷暗所に貯蔵する。
・可燃性ガスが空気に沈むので、低所に溜まった蒸気を屋外の高所に排出する（高所に排出することで、大気と拡散混合させ、燃焼範囲未満の濃度にする）。
・静電気蓄積を防ぎ、使用する電気設備を防爆構造にする。

消火の方法

消火の方法を次に示します。

不適切な消火法：第４類の危険物は水に不溶で水に浮くものが多い。そのため、水をかけても水に危険物が浮いて延焼が拡大する恐れがある。そのため、基本的に水系の消火剤は適さない。次の消火剤及び消火方法は、不適切である。

①棒状に出る水
②棒状に出る強化液
③霧状に出る水

有効な消火法：窒息消火および抑制消火が有効である。

①泡消火剤（ただし、水溶性の物品には「水溶性液体用泡消火剤」を使用しなければならない）
②粉末消火剤
③二酸化炭素消火剤（不活性ガス消火剤）
④ハロゲン化物消火剤
⑤霧状に噴射した、強化液消火剤（棒状の強化液消火剤は使用不可）

4-12 第 4 類の危険物の具体的な物品（その 1）

●特殊引火物

特殊引火物は、「1 気圧において、発火点が 100℃以下のもの、または、引火点が−20℃以下で沸点が 40℃以下のもの」が該当します。つまり、発火点が 100℃以下のものは特殊引火物になります。引火点が−20℃未満のものについては、沸点が 40℃以下の場合に特殊引火物に該当します。

特殊引火物に指定される 4 つの物品の性状を表 4-12-1 に示します。

特殊引火物は、引火点が極めて低く、さらに燃焼範囲も極めて広いのが特徴です。沸点も低く、通常の大気条件下で沸騰するものもあります。また、二硫化炭素のように、90℃で発火するものもあります。

表 4-12-1　特殊引火物の性状

<table>
<tr><th></th><th>ジエチルエーテル</th><th>二硫化炭素</th><th>アセトアルデヒド</th><th>酸化プロピレン</th></tr>
<tr><td>性質</td><td>水に少し溶ける。</td><td></td><td colspan="2">水溶性</td></tr>
<tr><td>液体比重</td><td>0.7</td><td>1.3</td><td colspan="2">1 未満</td></tr>
<tr><td>蒸気比重</td><td colspan="4">1 を超える（空気に沈む）。</td></tr>
<tr><td>引火点</td><td>−45℃</td><td>−30℃以下</td><td>−39℃</td><td>−37℃</td></tr>
<tr><td>発火点</td><td>160℃</td><td>90℃</td><td>175℃</td><td>449℃</td></tr>
<tr><td>沸点</td><td>35℃</td><td>46℃</td><td>21℃</td><td>35℃</td></tr>
<tr><td>燃焼範囲</td><td colspan="4">極めて広い。中でもアセトアルデヒドが最も広い。
（アセトアルデヒド：4.0 ～ 60 vol.%）</td></tr>
<tr><td>毒性</td><td rowspan="2">麻酔性</td><td colspan="3">有毒</td></tr>
<tr><td>臭気</td><td>燃焼ガスも有毒</td><td>刺激臭</td><td></td></tr>
<tr><td rowspan="2">その他</td><td rowspan="2">直射日光を避ける</td><td rowspan="2">・水没貯蔵する。
・火炎は青い。
・発火点最低</td><td colspan="2">貯蔵時、N_2 などの不活性ガスを封入する。</td></tr>
<tr><td></td><td>銀や銅などの金属と接触すると重合、発熱し発火、爆発する恐れがある。</td></tr>
</table>

ジエチルエーテル

・空気との接触や直射日光により爆発性の過酸化物を生じる。
・蒸気には麻酔性がある。

二硫化炭素

・水に不溶で水に沈む。可燃性蒸気の発生を抑えるために水に没めて貯蔵する。
・蒸気が有毒である。また、燃焼すると有毒な二酸化硫黄（亜硫酸ガス）を生じる。
・発火点が90℃と極めて低く、加熱された蒸気配管でも発火する恐れがある。

アセトアルデヒド（水溶性）

・水や有機溶剤によく溶ける（泡消火剤を使う場合「水溶性液体用泡消火剤」）。
・エタノールが酸化してアセトアルデヒドを生成する。アセトアルデヒドが酸化すると酢酸を生成する。
・刺激臭（果実臭）がある。
・空気との接触で爆発の恐れがあるため、貯蔵容器内に窒素などの不活性ガスを封入して空気との接触を防ぐ。

酸化プロピレン（水溶性）

・水や有機溶剤によく溶ける（泡消火剤を使う場合「水溶性液体用泡消火剤」）。
・アセトアルデヒドと同様に、貯蔵容器内に不活性ガスを封入する。

●第 1 石油類

第 1 石油類は、「1 気圧において、引火点が 21℃未満のもの」が該当します。第 1 石油類に指定される代表的な物品の性状を表 4-12-2 に示します。ガソリン、ベンゼン、トルエン、ヘキサンなどの非水溶性の物品のほか、アセトン、ピリジンなどの水溶性の物品もあります。

表 4-12-2　第 1 石油類の性状

	ガソリン（自動車用）	ベンゼン	トルエン	アセトン	ピリジン
性質	非水溶性			水溶性	
液比重	0.65 ～ 0.75	1 未満			
蒸気比重	3 ～ 4	1 を超える（空気に沈む）			
引火点	−40℃以下	−11℃	4℃	−20℃	20℃
発火点	約 300℃	498℃	480℃	465℃	482℃
沸点	40 ～ 220℃	80℃	111℃	57℃	115.5℃
燃焼範囲	1.4 ～ 7.6 vol.%	1.1 ～ 7.8 vol.%	1.1 ～ 7.1 vol.%	2.15 ～ 13.0 vol.%	1.8 ～ 12.4 vol.%
毒性		有毒			有毒
臭気	臭気あり				悪臭
その他	オレンジに着色している。	ベンゼンのほうが引火点は低く、毒性も強い。			

ガソリン

・引火点が−40℃と非常に低く、極低温でも引火する。
・炭素数 4 ～ 10 の炭化水素の混合物である。
・自動車用ガソリン、工業用ガソリン、航空機用ガソリンの 3 種がある。
・蒸気比重が 3 ～ 4 で空気中に沈んで低所に滞留しやすい。
・電気の不良導体のため、静電気が蓄積されやすい。

ベンゼンとトルエン

・芳香があり、蒸気は有毒である（特にベンゼンのほうは毒性が強い）。
・引火点は「ベンゼン－11℃、トルエン4℃」でともに常温で引火する。

アセトン（水溶性）

・水や有機溶剤によく溶ける。そのため、泡消火剤を使う際には「水溶性液体用泡消火剤」を用いる。
・引火点が－20℃と非常に低く、引火しやすい。

ピリジン（水溶性）

・水や有機溶剤によく溶ける（泡消火剤は「水溶性液体用泡消火剤」を使う）。
・悪臭がある。

第4類危険物は最も身近な危険物＝事故件数も多い

第4類の危険物は、ガソリン、灯油、軽油、アルコールなど、私たちの生活で最も目にする危険物です。流通・取扱量も圧倒的に多いこともあり、事故の数も多いです。以下に、総務省が発表した平成30年度における各類の危険物に関連する事故件数を示します。

類別	第1類	第2類	第3類	第4類	第5類	第6類
火災事故数	0件	0件	3件	97件	2件	0件

出典：総務省報道資料「平成30年中の危険物に係る事故の概要」の公表（2019年5月）を参考に作成。

以上のように、第4類の危険物が出火原因である火災事故が多くを占めていることがわかります。

4-13 第4類の危険物の具体的な物品（その2）

●アルコール類

アルコール類は、「1分子を構成する炭素の数が1個から3個までの飽和一価アルコール（変性アルコールを含む）。なお、水溶液の場合には濃度60％以上のもの」が該当します。

つまり、C_1のアルコールであるメチルアルコール（メタノール）、C_2のアルコールであるエチルアルコール（エタノール）、C_3のアルコールであるプロパノールが該当します。つまり、C_4のアルコールであるブタノールは、消防法上はアルコール類ではありません。ちなみに、ブタノールは、その引火点の特性上、第2石油類に該当します。アルコール類の性状を表4-13-1に示します。

表4-13-1　アルコール類の性状

	メチルアルコール（メタノール）	エチルアルコール（エタノール）
性質	水溶性	
液比重	0.8	
蒸気比重	1.1	1.6
引火点	11℃	13℃
発火点	646℃	363℃
沸点	64℃	78℃
燃焼範囲	6.0 ～ 36 vol.%	3.3 ～ 19 vol.%
毒性	有毒	

メタノールとエタノール（水溶性）

・水や溶剤に溶ける。

・燃焼範囲はガソリンよりも広い。

・発火点は300℃以上

・沸点は100℃未満

・揮発性が高い。
・炎の色が青白く（淡い）ため、明るい場所では見えにくい。
・メタノールには毒性がある。

●第 2 石油類

第 2 石油類は、「1 気圧において、引火点が 21℃以上、70℃未満のもの」が該当します。第 2 石油類に指定される代表的な物品の性状を表 4-13-2 に示します。灯油、軽油、キシレンなどの非水溶性の物品のほか、酢酸などの水溶性の物品もあります。

表 4-13-2　第 2 石油類の性状

	灯油	軽油	キシレン	酢酸
性質	非水溶性			水溶性
液比重	約 0.8	約 0.85	約 0.9	1.05
蒸気比重	4.5		3.7	2.1
引火点	40℃以上	45℃以上	約 30℃	39℃
発火点	約 220℃		460℃	
沸点	145 ～ 270℃	170 ～ 370℃	144℃	118℃
燃焼範囲	1.1 ～ 6.0 vol.%	1 ～ 6.0 vol.%	1.0 ～ 6.0 vol.%	4.0 ～ 19.9 vol.%
色	無色または 淡紫黄色	淡黄色または 淡褐色	無色	

軽油と灯油

・引火点は灯油が 40℃以上、軽油が 45℃以上である。
・常温では引火しにくいが、布に染みこませ、霧状にすると引火しやすくなる。
・発火点は共に約 220℃で、ガソリンの発火点（約 300℃）よりも低い。
・電気の不良導体のため、静電気が蓄積されやすい。
・液比重は 1 未満で水に浮く。蒸気比重は 4.5 で底部に滞留しやすい。

キシレン

・「オルトキシレン、パラキシレン、メタキシレン」の3種類の異性体がある。

・水に不溶で水に浮く。

・臭気がある。

酢酸（水溶性）

・比重が1より大きい。

・酢のにおいがする（食酢は、濃度3～6%の酢酸の水溶液）。

・腐食性が強く金属やコンクリートを腐食する。

・17℃以下で凝固するため、**氷酢酸**と呼ばれる。

●第3石油類

第3石油類は、「1気圧において、引火点が70℃以上,200℃未満のもの」が該当します。第3石油類に指定される代表的な物品の性状を表4-13-3に示します。重油、クレオソート油、アニリン、ニトロベンゼンなどの非水溶性の物品のほか、グリセリンなどの水溶性の物品があります。

表4-13-3　第3石油類の性状

	重油	クレオソート油	アニリン	ニトロベンゼン	グリセリン
性質	非水溶性				水溶性
液比重	0.9～1.0	1より大きい			
引火点	60～150℃	74℃	70℃	88℃	199℃
発火点	250～380℃	336℃	615℃	482℃	370℃
沸点	300℃以上	200℃以上	185℃	211℃	291℃
臭気・毒性	あり	あり	特異臭	あり・有毒	甘味あり
色	暗褐色	暗緑色・黄色	無色・淡黄色		無色・粘性

重油

・暗褐色（または褐色）で粘性のある液体。
・日本産業規格（JIS）で1種（A重油）、2種（B重油）、3種（C重油）に分類されている。
・水より軽く、水に溶けない。
・引火点が高いため、加熱しない限り引火の危険性は少ないが、加熱されて引火した場合、高温なため消火が非常に困難になる。
・不純物として硫黄分（S）を含むので、燃焼させると有害な二酸化硫黄 SO_2 を生じる。

クレオソート油

・暗緑色または黄色の液体。
・コールタールを分留するときに生ずる。
・液体比重が1を超え水よりも重い。

ニトロベンゼン（非水溶性）

・臭気および毒性がある。

グリセリン（水溶性）

・無色で粘性と甘味がある。
・水とエタノールにはよく溶ける。
・水より重い。
・爆薬（ニトログリセリン）の原料になる。

4-14 第4類の危険物の具体的な物品（その3）

●第4石油類

第4石油類は、「1気圧において、引火点が200℃以上、250℃未満のもの」が該当します。

第4石油類に指定される代表的な物品は、ギヤー油、シリンダー油などです。潤滑油の中には、上記の第4石油類の引火点範囲に入るものがあるため、それらは第4石油類に該当します。具体的には、タービン油、マシン油、絶縁油などです。プラスチックなどの高分子に可塑性（外力を加えて変形したのち、その変形が元の戻らない性質）を与えるのに用いられる可塑剤も、同じく第4石油類に該当するものがあります。第4石油類の一般的な特性を以下にまとめます。

基本的な特性

・水に溶けない。

・水より軽くて水に浮くものが多い。

・粘性が高く揮発しにくい。

危険性

・引火点が高く、加熱しない限り引火の危険性は低いが、一度引火すると液温が高いため消火が困難になる。

●動植物油類

動植物油類は、「動物の脂肉等または植物の種子もしくは果肉から抽出したもので、1気圧において、引火点が250℃未満のもの」が該当します。

動植物油類の中には、自然発火を起こしやすいものがあります。自然発火の起きやすさを表す数値として**ヨウ素価**があります。ヨウ素価が高い同植物油は、自然発火しやすいです。動植物油類は、ヨウ素価の数値に応じて、**乾性油**、**半乾性油**、**不乾性油**に分けられます。この中で、ヨウ素価が高いものを**乾性油**と呼び、自然発火する恐れがあるため、注意が必要です。ヨウ素価と自然発火特性の関係を表4-14-1に示します。

表4-14-1　ヨウ素価と自然発火性

ヨウ素価	130以上	100～130	100以下
名称	乾性油	半乾性油	不乾性油
自然発火性	自然発火しやすい。	中間の性質	自然発火しにくい。
具体例	アマニ油	ナタネ油	オリーブ油
	キリ油	ゴマ油	ヒマシ油

ヨウ素価は、液体100 g中における要素の質量［g］のことです。分子内に不飽和結合（炭素の二重結合C=C）がある物質は、そこに酸素が結合して酸化が進み自然発火しやすくなります。不飽和結合が多い動植物油ほど、ヨウ素価が高くなるため、ヨウ素価が高い物質＝自然発火しやすい物質となります。

4-15 第5類の危険物の共通性状

●第5類の危険物

第5類（自己反応性物質）の危険物の品名と物品名を表4-15-1にまとめます。第5類の危険物は、物質内に可燃物と酸素供給源が共存しているため、外部から酸化剤を供給しなくても自己燃焼します。そのため、窒息消火は効果がありません。また、燃焼速度が速く、爆発的に燃焼が進行するため、消火するのが困難です。

表4-15-1　第5類の危険物：自己反応性物質

類	品　名	代表的な物品名
第5類 自己反応性物質	有機過酸化物	過酸化ベンゾイル エチルメチルケトンパーオキサイド 過酢酸
	硝酸エステル類	硝酸メチル 硝酸エチル ニトログリセリン ニトロセルロース
	ニトロ化合物	ビクリン酸 トリニトロトリエン
	ニトロソ化合物	ジニトロソペンタメチレンテトラミン
	アゾ化合物	アゾビスイソブチロニトリル
	ジアゾ化合物	ジアゾニトロフェノール
	ヒドラジンの誘導体	硫酸ヒドラジン
	ヒドロキシルアミン	ヒドロキシルアミン
	ヒドロキシルアミン塩類	硫酸ヒドロキシルアミン 塩酸ヒドロキシルアミン
	その他	アジ化ナトリウム

●第５類の共通の特性

基本的な特性

第５類の基本的な特性を次に示します。

・可燃性の固体または液体である。
・比重は１より大きい。
・液体の危険物の蒸気は１より大きい。
・燃焼速度が速く、加熱・衝撃・摩擦などで発火して爆発的に燃える。
・引火性を有するものがある。
・長時間空気中に放置すると、分解が進み自然発火する場合がある。
・金属と作用して爆発性の金属塩を形成するものがある。

火災予防法

火災予防法を次に示します。

・火気を避ける。
・加熱を避ける。
・衝撃、摩擦などを避ける。
・通風のよい冷暗所に貯蔵する。

消火の方法

消火の方法を次に示します。

・燃焼が爆発的に進行するため、一般には消火が困難である。
・大量の水により冷却するか、泡消火剤を用いて消火する。
・可燃物と酸素が共存し、自己燃焼するため、窒息消火は効果がない。
・禁水性の物質（アジ化ナトリウムが該当）には、水が使用できないため、乾燥砂を用いる。

4-16 第5類の危険物の具体的な物品（その1）

●有機過酸化物

有機過酸化物は、過酸化水素 H_2O_2 の水素原子が有機物に置換したものです。不安定な物質であり、加熱、摩擦、衝撃などで分解して爆発する恐れがあります。紫外線によっても分解するため、直射日光の照射にも注意をする必要があります。有機過酸化物の特性を表 4-16-1 に示します。

表 4-16-1　有機過酸化物の性状

物品名 化学式	過酸化ベンゾイル $(C_6H_5CO)_2O_2$	エチルメチルケトンパーオキサイド （複数種類の成分がある）	過酢酸 CH_3COOOH
形状	白色粒状の固体結晶 無味無臭	無色透明の油状液体 特異臭あり	無色の液体 強い刺激臭
比重	1.3	1.12	1.2
溶解性	有機溶剤	ジエチルエーテル	水、アルコール、エーテル、硫酸
性質 危険性	・強力な酸化作用がある。 ・加熱、摩擦、衝撃、日光などで分解し、爆発の恐れがある。		
	・乾燥すると危険度が増すため、水で湿らせて保存する。 ・約100℃で有毒な白煙を出し分解する。 ・高濃度のものは爆発の危険性が高くなる・強酸、有機物と接触すると爆発しやすくなる。	・引火点72℃ ・40℃以上で分解が促進される。 ・鉄サビ、布などに接触すると30℃以下でも分解する。 ・高純度のものは危険のためジメチルナフタレート（別名、フタル酸ジメチル）などの可塑剤で濃度50～60％に希釈されている。	・引火点が41℃のため、引火に注意が必要。 ・110℃で発火、爆発する。 ・有毒で、皮膚、粘膜をおかす。 ・高濃度では危険のため，市販品は不揮発性溶媒の40％溶液になっている。

火災予防法	換気のよい冷暗所に貯蔵する。異物と接触させない。		
	火気、加熱、摩擦、直射日光を避ける。		可燃物と隔離する。
	・容器は密栓する。 ・強酸や有機物と隔離する。 ・乾燥状態で扱わない。	容器のフタは通気性を持たせる（内圧上昇による分解促進を防ぐため）。	
消火法	多量の水または泡などで消火する。		

●硝酸エステル類

硝酸エステル類は、硝酸（HNO_3）の水素原子をアルキル基（C_nH_{2n+1}）に置換したもので、加熱、衝撃などによって爆発しやすい物質です。硝酸エステル類の特性を表 4-16-2 および表 4-16-3 に示します。

表 4-16-2　硝酸エステル類の性状（その 1）

物品名 化学式	硝酸メチル CH_3NO_3	硝酸エチル $C_2H_5NO_3$
形状	無色透明の液体で芳香と甘味がある（蒸気は空気よりも重い）	
比重	1.22	1.11
沸点	66℃	87.2℃
	ともに、水より沸点が低い。	
溶解性	アルコール、ジエチルエーテル	アルコール
性質 危険性	・引火性があり爆発しやすい（引火点 15℃）。 ・硝酸とメタノールの反応で得られる。	・引火性があり爆発しやすい（引火点 10℃）。
火災予防法	加熱、衝撃、摩擦、直射日光などを避ける。	
	・容器を密栓し、通風のよい冷暗所に貯蔵する。 ・直射日光を避ける。 ・火気を近づけない。	
消火法	消火困難である。	

硝酸メチル、硝酸エチルともに引火点が常温以下であり、引火と爆発の危険性があります。

表 4-16-3　硝酸エステル類の性状（その 2）

物品名 化学式	ニトログリセリン $C_3H_5(ONO_2)_3$	ニトロセルロース （硝化綿）
形状	無色の油状液体	綿状の固体
比重	1.6	1.7
溶解性	有機溶剤	
性質 危険性	・加熱、衝撃、摩擦等で猛烈に爆発する。 ・甘味を有し有毒。 ・ダイナマイトの原料。 ・凍結すると爆発の危険度が増す（8℃で凍結）。	・硝化度の高いものほど危険。 ・硝化度によって強硝化綿、弱硝化綿に分けられる。
火災	加熱、衝撃、摩擦、直射日光などを避ける。	
予防法	漏れた時は、水酸化ナトリウム（苛性ソーダ）のアルコール溶液で分解し、非爆発性にしてからふき取る。	アルコールや水で湿綿にし、安定剤を加え冷暗所に貯蔵する。
消火法	爆発的で消火困難である。	注水消火する。

ニトログリセリンは、油状液体で熱や衝撃で猛烈な爆発を起こす危険性があり、ダイナマイトの原料になっています。8℃で凍結しますが、凍結したほうが爆発の危険度が増します。

ニトロセルロースは、セルロースを硝酸と硫酸の混合液に浸してつくられます。浸漬時間などによって硝化度（窒素の含有量）が異なります。硝化度が高いものほど、爆発の危険性が高まります。

●ニトロ化合物

ニトロ化合物は、有機化合物の炭素に結合している水素原子をニトロ基（NO_2）に置換したものです。ニトロ化合物の特性を表 4-16-4 に示します。ピクリン酸は、乾燥させると爆発の危険度が高くなるため、含水状態で保存します。水溶液は酸性のため、金属と作用して爆発性の金属塩を形成します。

表 4-16-4　ニトロ化合物の性状

物品名 化学式	ピクリン酸 $C_6H_2(NO_2)_3OH$	トリニトロトルエン（TNT） $C_6H_2(NO_2)_3CH_3$
	共に、分子内に３個のニトロ基 NO_2 を有する。ともに爆薬の原料になる。	
形状	黄色の結晶、無臭で苦味を有し、毒性がある。	淡黄色の結晶 日光に当たると茶褐色になる。
比重	1.8	1.6
発火点	320℃	230℃
溶解性	熱湯、アルコール、ジエチルエーテル	ジエチルエーテル、アルコール
性質 危険性	・水溶液は酸性のため、金属と反応して爆発性の金属塩になる。 ・乾燥すると危険度が増す。 ・急激に熱すると爆発する。 ・ガソリン、アルコール、ヨウ素、硫黄などと混合した場合、摩擦や衝撃で激しく爆発する。	・金属とは反応しない。 ・急激に熱すると爆発する。 ・ピクリン酸よりはやや安定。
火災 予防法	・火気、加熱、摩擦、衝撃を避ける。 ・容器を密栓して換気のよい冷暗所に貯蔵する。	
	・金属や酸化されやすい物質（ガソリン、アルコール、硫黄など）との接触を避ける。 ・乾燥を避け、含水状態で貯蔵する（10%程度の水を加えて貯蔵）。	
消火法	多量の水で消火（含酸素物質のため、一般に消火は困難）する。	

4-17 第5類の危険物の具体的な物品（その2）

●ニトロソ化合物

ニトロソ化合物は、ニトロソ基（－N＝O）を有する化合物を指します。ニトロソ化合物の特性を表4-17-1に示します。

表4-17-1　ニトロソ化合物の性状

物品名 化学式	ジニトロソペンタメチレンテトラミン（DPT） $C_5H_{10}N_6O_2$
形状	淡黄色の粉末
溶解性	・水、ベンゼン、アルコール、アセトンにわずかに溶ける。 ・ガソリンには溶けない。
性質 危険性	・加熱、摩擦、衝撃などで発火・爆発する恐れがある。 ・加熱すると分解し、窒素、アンモニア、ホルムアルデヒドなどが生じる。 ・強酸、有機物との接触で発火・爆発の恐れがある。
火災 予防法	・火気、加熱、摩擦、衝撃を避け、換気のよい冷暗所に貯蔵する。 ・酸や有機物との接触を避ける。
消火法	水や泡消火剤で消火する。

●アゾ化合物

アゾ化合物は、（－N＝N－）を有する化合物を指します。アゾ化合物の特性を表4-17-2に示します。アゾ化合物は分解すると窒素とシアンガスを発生します。

表 4-17-2　アゾ化合物の性状

物品名 化学式	アゾビスイソブチロニトリル $[C(CH_3)_2CN]_2N_2$
形状	白色の固体
溶解性	アルコール、エーテル
性質 危険性	・融点（105℃）以上に加熱すると窒素とシアンガスを発生し分解する。 ・目や皮膚との接触を避ける。
火災 予防法	・火気、加熱、摩擦、衝撃、直射日光を避け、換気のよい冷暗所に貯蔵する。 ・可燃物との接触を避ける。
消火法	多量の水で消火する。

●ジアゾ化合物

ジアゾ化合物は、ジアゾ基（$N_2=$）を有する化合物を指します。ジアゾ化合物の特性を表 4-17-3 に示します。

表 4-17-3　ジアゾ化合物の性状

物品名 化学式	ジアゾジニトロフェノール（DDNP） $C_6H_2N_4O_5$
形状	黄色の粉末
比重	1.63
溶解性	アセトン
性質	光にあたると褐色に変色する。燃焼時に爆ごう［燃焼火炎の速度が音速（音の速さ）を超えて急激に進行する現象］を起こしやすい。
火災 予防法	火気、加熱、摩擦、衝撃を避け、水または水とアルコールの混合液中に貯蔵する。
消火法	多量の水で消火する。

●ヒドラジンの誘導体

ヒドラジンの誘導体は、ヒドラジン（N_2H_4）をもとに合成されたものです。ヒドラジンの誘導体である硫酸ヒドラジンの特性を表 4-17-4 に示します。

表 4-17-4　硫酸ヒドラジンの性状

物品名 化学式	硫酸ヒドラジン $NH_2NH_2 \cdot H_2SO_4$
形状	白色の結晶
比重	1.37
溶解性	温水に溶けて酸性を示す。
性質 危険性	・還元性が強い。 ・酸化剤と激しく反応する。 ・アルカリと接触するとヒドラジンが遊離する。 ・融点（254℃）以上で分解しアンモニア、二酸化硫黄、硫化水素、硫黄を生成する。 ・皮膚、粘膜を刺激する。
火災 予防法	・直射日光、火気を避ける。 ・酸化剤やアルカリと接触させない。
消火法	多量の水で消火（防塵マスク、保護手袋、保護メガネなどの保護具を着用）する。

●ヒドロキシルアミン

ヒドロキシルアミンは、農薬の原料、半導体の洗浄剤などに用いられています。潮解性がある白色の結晶で、過熱や紫外線などによって分解・爆発します。

ヒドロキシルアミンの特性を表 4-17-5 に示します。

表 4-17-5　ヒドロキシルアミンの性状

物品名 化学式	ヒドロキシルアミン NH_2OH
形状	白色の結晶
比重	1.2
溶解性	水、アルコール
その他	融点 33℃、引火点 100℃、発火点 130℃
潮解性	潮解性がある。
性質 危険性	・蒸気は空気よりも重い。 ・裸火、熱源、紫外線などと接触して爆発的に燃焼する。 ・眼、気道を刺激する。有毒で大量に摂取すると死に至る場合もある。
火災予防法	・裸火、熱源、紫外線などとの接触を避けて冷暗所に保管する。
消火法	多量の水で消火（防塵マスクなどの保護具を着用）する。

危険物施設における火災事故の要因

平成30年度中に起きた危険物施設における火災事故206件に対して、その原因を集計した結果を下図に示します※。人為的要因が半数以上を占めています。次の大きいのは施設などの物的要因です。このことから、人的要因を減らすために、危険物取扱者の重要性が高いことがわかります。また、物的要因を減らすにあたっても、施設の正しい維持管理、定期点検など、危険物取扱者の寄与が大変重要になります。

平成30年中の危険物施設における火災事故の発生要因

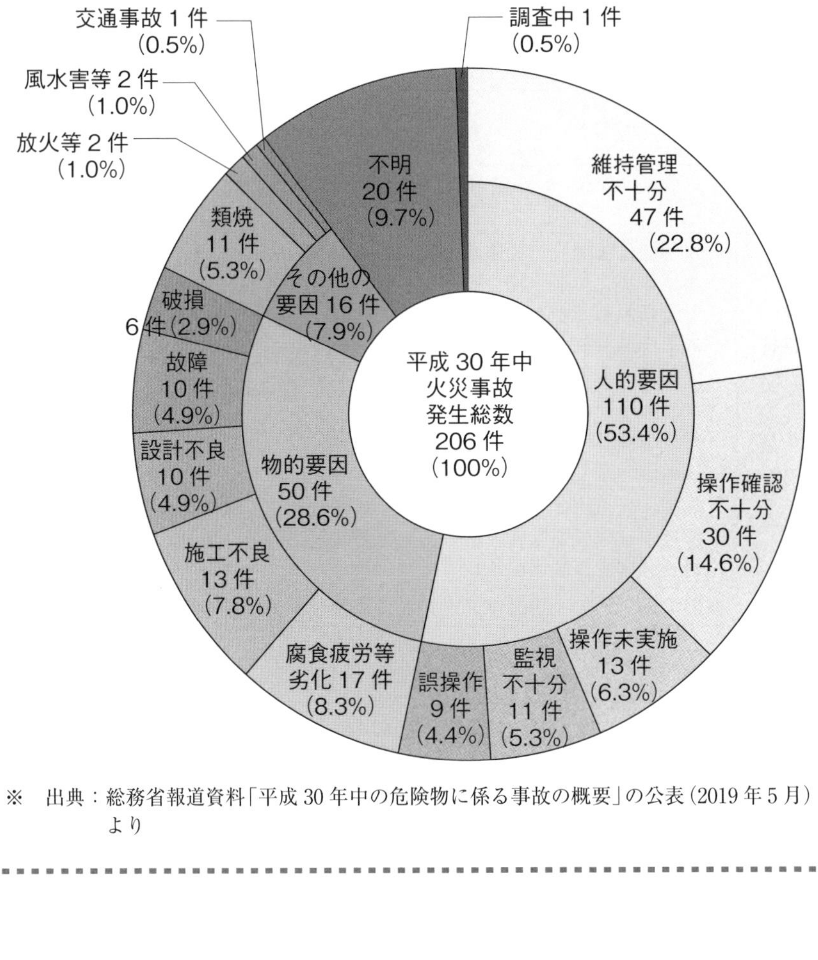

※　出典：総務省報道資料「平成30年中の危険物に係る事故の概要」の公表（2019年5月）より

4-18 第5類の危険物の具体的な物品（その3）

●ヒドロキシルアミン塩類

ヒドロキシルアミン塩類は、ヒドロキシルアミン（NH_2OH）と酸との中和反応で生じる化合物（塩）です。ヒドロキシルアミン塩類の特性を表4-18-1に示します。

表4-18-1　ヒドロキシルアミン塩類の性状

<table>
<tr><td>物品名
化学式</td><td>硫酸ヒドロキシルアミン
H_2SO_4・$(NH_2OH)_2$</td><td>塩酸ヒドロキシルアミン
HCl・NH_2OH</td></tr>
<tr><td>形状</td><td colspan="2">白色の結晶</td></tr>
<tr><td>比重</td><td>1.9</td><td>1.67</td></tr>
<tr><td>溶解性</td><td>水</td><td>水
アルコールにはわずかに溶ける。</td></tr>
<tr><td rowspan="2">性質
危険性</td><td colspan="2">・水溶液は強酸性で金属を腐食する。
・蒸気は目、気道を強く刺激。多量に体内に入ると血液の酸素吸収力低下で死に至ることもある。
・火気や高温物との接触で爆発する。
・微粉状のものは粉じん爆発の危険性がある。</td></tr>
<tr><td>・アルカリがあるとヒドロキシルアミン NH_2OH が遊離し、分解する。
・強い還元剤である。</td><td></td></tr>
<tr><td>火災
予防法</td><td colspan="2">・火気、高温物体との接触を避け、乾燥状態で冷暗所に保管する。
・水溶液は金属を腐食するため、金属容器に貯蔵してはならない（強固なガラス容器等を用いる）。</td></tr>
<tr><td>消火法</td><td colspan="2">多量の水で消火（防塵マスクなどの保護具を着用する）する。</td></tr>
</table>

●金属のアジ化物

アジ化ナトリウムは、アジ化水素HN 3の水素が金属に置換された化合物です。アジ化ナトリウムの特性を表4-18-2に示します。

表 4-18-2　アジ化ナトリウムの性状

物品名 化学式	アジ化ナトリウム NaN_3
形状	無色の板状結晶
比重	1.8
溶解性	水
性質 危険性	・約 300℃で分解し、窒素と金属ナトリウムが生じる。 ・それ自身は爆発しないが、酸と作用して有毒で爆発性があるアジ化水素酸が生じる。 ・水があると、重金属と作用して極めて敏感なアジ化物が生じる。 ・皮膚に触れると炎症を起こす。
火災 予防法	・直射日光を避け、換気のよい冷暗所に保存する。 ・酸や金属粉（特に重金属）と接触させない。
消火法	乾燥砂など（火災時に分解しナトリウムが生じるので、注水厳禁）

●硝酸グアニジン

硝酸グアニジンは、固体ロケットの推進薬、混合爆薬の成分などに用いられています。硝酸グアニジンの特性を表 4-18-3 に示します。

表 4-18-3　硝酸グアニジンの性状

物品名 化学式	硝酸グアニジン $CH_6N_4O_3$
形状	白色の結晶
比重	1.44
溶解性	水、アルコール
性質	・急加熱および衝撃で爆発する恐れがある。 ・可燃性物質との混触で発火する恐れがある。 ・毒性がある。
火災予防法	加熱、衝撃を避ける
消火法	注水消火する。

4-19 第６類の危険物の共通性状

●第６類の危険物

第６類（酸化性液体）の危険物の品名と物品名を表4-19-1にまとめます。

第６類の危険物（酸化性液体）は、第１類（酸化性固体）と同様にそれ自身は不燃性ですが、分子内に酸素を含み、酸素供給源になるため、可燃物の燃焼を促進します。また、「皮膚を腐食する」「蒸気が有毒」など、人体に対して有害であることにも注意して取扱う必要があります。

表4-19-1　第６類の危険物：酸化性液体

類	品　名	物品名
第６類 酸化性液体	過塩素酸	
	過酸化水素	
	硝酸	硝酸 発煙硝酸
	その他 （ハロゲン間化合物）	三フッ化臭素 五フッ化臭素 五フッ化よう素

●第６類の共通の特性

基本的な特性

第６類の基本的な特性を次に示します。

・それ自身は不燃物である。
・分子内に酸素を含有し、分解して酸素を放出し、可燃物の燃焼を促進する（強酸化剤である）。
・多くは無色の液体（一部、赤や赤褐色のものがある）。
・いずれも無機化合物である。
・水と激しく反応して発熱するものがある。

・腐食性があり、皮膚をおかす。蒸気は有毒である。

火災予防法

火災予防法を次に示します。

・火気、直射日光を避ける。
・還元性物質、可燃物、有機物などの酸化されやすい物質と接触させない。
・耐酸性の容器を使い、容器は密栓する（ただし、過酸化水素は密栓して手はならない）。
・通風のよい場所で扱う。
・水と反応する物品については、水との接触を避ける。

消火の方法

消火の方法を次に示します。

・火災時は第６類単独ではないため、燃焼物（第６類の混合によって燃焼している可燃物）の消火に適応する消火剤で消火する。
・一般には、水や泡消火剤による消火が有効（ただし、どのような物質と燃焼しているかによる）である。
・流出した場合は乾燥砂や中和剤による中和で対処する。
・液体危険物やその蒸気は有毒なため、消火などの際には、皮膚への接触や吸引を防ぐために、マスクや保護具を着用する。また、ガスとの接触を防ぐため、火災の風上で消火活動を行う。

4-20 第6類の危険物の具体的な物品（その1）

●過塩素酸

過塩素酸（$HClO_4$）は強い酸化性を持つ、極めて不安定な物質です。通常は、60～70％の水溶液として取扱われます。火気、日光、可燃物を避け、密栓して換気のよい冷暗所に貯蔵します。貯蔵中にも反応する恐れがあるので、長期保存は困難です。過塩素酸の特性を表 4-20-1 に示します。

表 4-20-1　過塩素酸の性状

物品名 化学式	過塩素酸 $HClO_4$
形状	無色の発煙性液体
比重	1.8
溶解性	水（ただし水との接触で音を出しながら発熱する）
性質 危険性	・強い酸化作用を持つ。 ・空気中で強く発煙する。 ・加熱すると爆発する。 ・おがくず、木片、ぼろきれなどの可燃物と接触すると自然発火の恐れがある。 ・可燃性の有機物と接触すると、発熱、発火、爆発の恐れがある。 ・皮膚を腐食する。 ・銀、銅、鉛などのイオン化傾向が小さい金属も溶解する。 ・無水状態の場合、常温でも爆発的に分解する恐れがあるため、通常は60～70％の水溶液として扱う。 ・不安定な物質で、次第に分解が進行し、分解生成物が触媒となって爆発的に分解する。そのため、長期保存は適さない。
火災 予防法	・加熱、光、可燃物、有機物、還元性物質との接触を避け、密栓した耐酸性の容器に入れ、換気のよい冷暗所に貯蔵する。 ・容器貯蔵中にも分解、黄変し爆発する恐れがあるので、貯蔵品を定期的に点検する。 ・流出したときには、チオ硫酸ナトリウム、ソーダ灰で中和した後、水で洗い流す。
消火法	多量の水による注水消火を行う。

●過酸化水素

過酸化水素（H_2O_2）は強い酸化性を持つ、極めて不安定な物質です。通常は水溶液として取り扱われ、分解を防ぐために安定剤が加えられています。過酸化水素は、漂白剤、消毒剤、酸化剤などに用いられます。直射日光、可燃物を避け、冷暗所に貯蔵します。なお、貯蔵容器には通気のための穴が開いた栓を用います。過酸化水素の特性を表 4-20-2 に示します。

表 4-20-2　過酸化水素の性状

物品名 化学式	過酸化水素 H_2O_2
形状	無色の粘性がある液体
比重	1.5
溶解性	水、アルコール、エーテル
性質 危険性	・水溶液は弱酸性 ・オキシドールは、過酸化水素の濃度 3% の水溶液である。 ・強い酸化作用を持つ酸化剤である（ただし、酸化力の強い物質に対しては、還元剤として働く場合がある）。 ・熱、光により水と酸素に分解する。 ・濃度 50% 以上では、常温でも水と酸素に分解する（分解防止の安定剤としてアセトアリニド、リン酸、尿酸などを用いる）。 ・金属粉、有機物と接触すると発火、爆発の恐れがある。 ・皮膚に触れると火傷を起こす。
火災 予防法	・加熱、光、有機物、可燃物、還元性物質との接触を避け、換気のよい冷暗所に貯蔵する。 ・容器は密栓せず、通気性をもたせる。
消火法	注水消火する。

●硝酸

硝酸（HNO_3）は強い酸化性を持つ物質です。銅、水銀、銀などの多くの金属を腐食させます。また、分解すると有害な窒素酸化物（二酸化窒素 NO_2）を発生します。硝酸の特性を表 4-20-3 に示します。

表 4-20-3　硝酸の性状

物品名 化学式	硝酸 HNO_3	発煙硝酸 HNO_3
形状	無色の液体	赤または赤褐色の液体
比重	1.5 程度	
溶解性	水に任意の割合で溶ける（水溶液は強酸性）	
性質 危険性	・加熱や日光、により酸素と二酸化窒素（有毒）を生じ、黄褐色を呈する。 ・湿気を含む空気中で褐色に発煙する。 ・銅、水銀、銀など、多くの金属を腐食させる。 ・鉄、ニッケル、クロム、アルミニウムなどは、希硝酸には激しく侵されるが、濃硝酸には不動態をつくり侵されない。 ・金、白金は腐食されない（ただし、濃塩酸と濃硝酸とを 3：1 の体積比で混合したものは王水と呼ばれ、通常の酸には溶けない金、白金を溶かす）。 ・有機物と接触すると発火する恐れがある。 ・二硫化炭素、アミン類、ヒドラジンとの混合は、発火・爆発の恐れがある。 ・ガソリン、アルコールなどと混合した場合、摩擦や衝撃で激しく爆発する。 ・木材、紙、布などの可燃物と接触して発火する恐れがある。 ・皮膚に触れると薬傷を起こす（皮膚に触れると、キトサンプロテイン反応により黄色に変色する）。 ・強い酸化力があるため、硝酸の 90% 水溶液は第 6 類の危険物の確認試験の標準物質に定められている。	濃硝酸に二酸化窒素を加圧飽和して生成される。 ・性質、危険性は硝酸と同様。 ・硝酸よりも酸化力がさらに強い。
火災 予防法	・直射日光、加熱を避け、乾燥した換気のよい冷暗所に貯蔵する。 ・腐食しない容器（ステンレスなど）を用い、容器は密栓する。 ・可燃物（のこくず、かんなくず、木くず、木片、紙、布など）、有機物、還元性物質との接触を避ける。	
消火法	・燃焼物に応じた消火方法をとる。 ・流出時は、土砂による流出防止、注水による希釈、ソーダ灰や消石灰などによる中和処理を行う。 ・有毒ガスが生じるため、防毒マスクなどの保護具を着用する。	

4-21 第6類の危険物の具体的な物品（その2）

●ハロゲン間化合物

ハロゲン間化合物は二種のハロゲンで構成される化合物を指します。特に、多数のフッ素原子を含むものは反応性が高く、多くの金属、非金属と反応してフッ化物を形成します。ハロゲン間化合物の特性を表4-21-1に示します。

表4-21-1　ハロゲン間化合物の性状

<table>
<tr><td>物品名
化学式</td><td>三フッ化臭素
BrF_3</td><td>五フッ化臭素
BrF_5</td><td>五フッ化ヨウ素
IF_5</td></tr>
<tr><td>形状</td><td colspan="3">無色の液体</td></tr>
<tr><td>比重</td><td>2.84</td><td>2.46</td><td>3.19</td></tr>
<tr><td>沸点</td><td>126℃</td><td>41℃</td><td>100.5℃</td></tr>
<tr><td rowspan="2">性質
危険性</td><td colspan="3">・強力な酸化剤である。
・水と激しく反応する。その際、猛毒なフッ化水素が生じる。
・可燃物や有機物と反応して発火する。
・多くのフッ素原子を含むものほど反応性が高く、多くの金属、非金属を酸化しフッ化物をつくる。</td></tr>
<tr><td>・空気中で発煙する。
・低温で固化する（融点9℃）。</td><td>・三フッ化水素よりも反応性が高い。</td><td></td></tr>
<tr><td>火災
予防法</td><td colspan="3">・水、可燃物、有機物、還元性物質と接触させない。
・容器は密栓する。</td></tr>
<tr><td>消火法</td><td colspan="3">粉末消火剤または乾燥砂で消火する（水系の消火剤は、フッ化水素が生じるため適さない）。</td></tr>
<tr><td>補足事項</td><td colspan="3">フッ化水素の水溶液は、ガラスを侵すので注意を要する。</td></tr>
</table>

付録 1：危険物の定義

危険物は、次のように消防法で規定されています。

消防法第 2 条 7 項

危険物とは、別表第一の品名欄に掲げる物品で、同表に定める区分に応じて、同表の性質欄に掲げる性状を有するものをいう。

別表第一

類別	性質	品名
第一類	酸化性固体	一　塩素酸塩類 二　過塩素酸塩類 三　無機過酸化物 四　亜塩素酸塩類 五　臭素酸塩類 六　硝酸塩類 七　よう素酸塩類 八　過マンガン酸塩類 九　重クロム酸塩類 十　その他のもので政令で定めるもの 十一　前各号に掲げるもののいずれかを含有するもの
第二類	可燃性固体	一　硫化りん 二　赤りん 三　硫黄 四　鉄粉 五　金属粉 六　マグネシウム 七　その他のもので政令で定めるもの 八　前各号に掲げるもののいずれかを含有するもの 九　引火性固体

類別	性質	品名
第三類	自然発火性物質及び禁水性物質	一　カリウム 二　ナトリウム 三　アルキルアルミニウム 四　アルキルリチウム 五　黄りん 六　アルカリ金属（カリウム及びナトリウムを除く。）及びアルカリ土類金属 七　有機金属化合物（アルキルアルミニウム及びアルキルリチウムを除く。） 八　金属の水素化物 九　金属のりん化物 十　カルシウム又はアルミニウムの炭化物 十一　その他のもので政令で定めるもの 十二　前各号に掲げるもののいずれかを含有するもの
第四類	引火性液体	一　特殊引火物 二　第一石油類 三　アルコール類 四　第二石油類 五　第三石油類 六　第四石油類 七　動植物油類
第五類	自己反応性物質	一　有機過酸化物 二　硝酸エステル類 三　ニトロ化合物 四　ニトロソ化合物 五　アゾ化合物 六　ジアゾ化合物 七　ヒドラジンの誘導体 八　ヒドロキシルアミン 九　ヒドロキシルアミン塩類 十　その他のもので政令で定めるもの 十一　前各号に掲げるもののいずれかを含有するもの
第六類	酸化性液体	一　過塩素酸 二　過酸化水素 三　硝酸 四　その他のもので政令で定めるもの 五　前各号に掲げるもののいずれかを含有するもの

備考

一　酸化性固体とは、固体（液体（一気圧において、温度二〇度で液状であるもの又は温度二〇度を超え四〇度以下の間において液状となるものをいう。以下同じ。）又は気体（一気圧において、温度二〇度で気体状であるものをいう。）以外のものをいう。以下同じ。）であつて、酸化力の潜在的な危険性を判断するための政令で定める試験において政令で定める性状を示すもの又は衝撃に対する敏感性を判断するための政令で定める試験において政令で定める性状を示すものであることをいう。

二　可燃性固体とは、固体であって、火炎による着火の危険性を判断するための政令で定める試験において政令で定める性状を示すもの又は引火の危険性を判断するための政令で定める試験において引火性を示すものであることをいう。

三　鉄粉とは､鉄の粉をいい､粒度等を勘案して総務省令で定めるものを除く。

四　硫化りん、赤りん、硫黄及び鉄粉は、備考第二号に規定する性状を示すものとみなす。

五　金属粉とは、アルカリ金属、アルカリ土類金属、鉄及びマグネシウム以外の金属の粉をいい、粒度等を勘案して総務省令で定めるものを除く。

六　マグネシウム及び第二類の項第八号の物品のうちマグネシウムを含有するものにあっては、形状等を勘案して総務省令で定めるものを除く。

七　引火性固体とは、固形アルコールその他一気圧において引火点が四〇度未満のものをいう。

八　自然発火性物質及び禁水性物質とは、固体又は液体であって、空気中での発火の危険性を判断するための政令で定める試験において政令で定める性状を示すもの又は水と接触して発火し、若しくは可燃性ガスを発生する危険性を判断するための政令で定める試験において政令で定める性状を示すものであることをいう。

九　カリウム、ナトリウム、アルキルアルミニウム、アルキルリチウム及び黄りんは、前号に規定する性状を示すものとみなす。

十　引火性液体とは、液体（第三石油類、第四石油類及び動植物油類にあっては、一気圧において、温度二〇度で液状であるものに限る。）であつて、引火の危険性を判断するための政令で定める試験において引火性を示すものであることをいう。
十一　特殊引火物とは、ジエチルエーテル、二硫化炭素その他一気圧において、発火点が一〇〇度以下のもの又は引火点が零下二〇度以下で沸点が四〇度以下のものをいう。
十二　第一石油類とは、アセトン、ガソリンその他一気圧において引火点が二一度未満のものをいう。
十三　アルコール類とは、一分子を構成する炭素の原子の数が一個から三個までの飽和一価アルコール（変性アルコールを含む。）をいい、組成等を勘案して総務省令で定めるものを除く。
十四　第二石油類とは、灯油、軽油その他一気圧において引火点が二一度以上七〇度未満のものをいい、塗料類その他の物品であって、組成等を勘案して総務省令で定めるものを除く。
十五　第三石油類とは、重油、クレオソート油その他一気圧において引火点が七〇度以上二〇〇度未満のものをいい、塗料類その他の物品であって、組成を勘案して総務省令で定めるものを除く。
十六　第四石油類とは、ギヤー油、シリンダー油その他一気圧において引火点が二〇〇度以上二五〇度未満のものをいい、塗料類その他の物品であって、組成を勘案して総務省令で定めるものを除く。
十七　動植物油類とは、動物の脂肉等又は植物の種子若しくは果肉から抽出したものであつて、一気圧において引火点が二五〇度未満のものをいい、総務省令で定めるところにより貯蔵保管されているものを除く。
十八　自己反応性物質とは、固体又は液体であって、爆発の危険性を判断するための政令で定める試験において政令で定める性状を示すもの又は加熱分解の激しさを判断するための政令で定める試験において政令で定める性状を示すものであることをいう。
十九　第五類の項第十一号の物品にあっては、有機過酸化物を含有するもののうち不活性の固体を含有するもので、総務省令で定めるものを除く。
二十　酸化性液体とは、液体であって、酸化力の潜在的な危険性を判断するための政令で定める試験において政令で定める性状を示すものであることをいう。
二十一　この表の性質欄に掲げる性状の二以上を有する物品の属する品名は、総務省令で定める。

付録２：危険物取扱者試験について

危険物取扱者試験の概要※を説明します。日頃の業務において、製造所等（消防法上の危険物取扱施設）での危険物取扱業務に従事する方だけでなく、業務などで危険物に関する知識や取扱いのスキルを求められる方は、受験を検討してはいかがでしょうか。

※本情報は、一般財団法人 消防試験研究センターが公表している情報をもとにまとめています。情報は変更されることもありますので、必ず消防試験研究センターのホームページ等をご覧ください。

1. 試験科目と問題数

危険物取扱者試験は、甲種・乙種・丙種の３種に分かれています。試験時間は、甲種が２時間30分、乙種が２時間、丙種が１時間30分です。試験の方法は、すべてマークシートですが、甲種と乙種は五肢択一式、丙種は四肢択一式です。

「危険物の性質並びにその火災予防及び消火の方法」においては、該当する危険物に関する性質などが問われます。甲種危険物取扱者は、第１類から第６類までのすべての危険物が対象です。乙種危険物取扱者は、試験が第１類から第６類までの６つの分野に分かれ、受験する類の危険物の性質が出題されます。丙種危険物取扱者は第４類のうちの指定された危険物が対象です。

種類	試験科目	問題数
甲種	危険物に関する法令	15
	物理学及び化学	10
	危険物の性質並びにその火災予防及び消火の方法	20
乙種	危険物に関する法令	15
	基礎的な物理学及び基礎的な化学	10
	危険物の性質並びにその火災予防及び消火の方法	10
丙種	危険物に関する法令	10
	燃焼及び消火に関する基礎知識	5
	危険物の性質並びにその火災予防及び消火の方法	10

2. 合格基準

合格基準は、試験科目ごとの成績が、それぞれ60％以上です。つまり、正解率60％に満たない科目が一科目でもあると不合格になります。よって、各科目をまんべんなく学ぶ必要があります。

3. 受験資格

乙種および丙種は受験資格はなく、誰でも受験できます。甲種危険物取扱者を受験するためには、以下に示す一定の条件が必要です。

甲種危険物試験の受験資格

次のいずれかに該当する方は、甲種危険物取扱者の受験資格があります。

対象者	大学等及び資格詳細	願書資格欄記入略称	証明書類
(1) 大学等において化学に関する学科などを修めて卒業した者	大学、短期大学、高等専門学校、専修学校高等学校の専攻科、中等教育学校の専攻科、防衛大学校、職業能力開発総合大学校、職業能力開発大学校、職業能力開発短期大学校、外国に所在する大学など。	大学等卒	卒業証明書または卒業証書（学科等の名称が明記されているもの）
(2) 大学などにおいて化学に関する授業科目を15単位以上修得した者	大学、短期大学、高等専門学校（高等専門学校にあっては専門科目に限る）、大学院、専修学校、大学、短期大学、高等専門学校の専攻科、防衛大学校、防衛医科大学校、水産大学校、海上保安大学校、気象大学校、職業能力開発総合大学校、職業能力開発大学校、職業能力開発短期大学校、外国に所在する大学など。	15単位	単位修得証明書または成績証明書（修得単位が明記されているもの）
(3) 乙種危険物取扱者免状を有する者	乙種危険物取扱者免状の交付を受けた後、危険物製造所などにおける危険物取扱いの実務経験が2年以上の者	実務2年	乙種危険物取扱者免状および乙種危険物取扱実務経験証明書
	次の4種類以上の乙種危険物取扱者免状の交付を受けている者 第1類または第6類、第2類または第4類、第3類、第5類	4種類	乙種危険物取扱者免状
(4) 修士・博士の学位を有する者	修士、博士の学位を授与された者で、化学に関する事項を専攻した者（外国の同学位も含む）	学位	学位記など（専攻などの名称が明記されているもの）

※化学に関する学科、化学に関する授業科目についての詳細は、消防試験研究センターホームページでご確認ください。
※証明書類については、表の証明書類に加えて、さらに書面が必要になる場合があります。詳細は、消防試験研究センターホームページでご確認ください。

4. 試験手数料

甲種	6,600 円
乙種	4,600 円
丙種	3,700 円

5. 試験の一部免除

乙種危険物取扱者試験において次の表に示す事項に該当する方は、試験科目の一部が免除されます。

	免除資格者	免除種類	試験科目	免除内容	問題数	合計	試験時間
（ア）	乙種危険物取扱者免状を有する者	全類	1 法令	全部免除	0 問	10 問	35 分
			2 物化	全部免除	0 問		
			3 性消	—	10 問		
（イ）	火薬類免状を有する者	1 類	1 法令	—	15 問	24 問	1 時間 30 分
		5 類	2 物化	一部免除	4 問		
			3 性消	一部免除	5 問		
（ウ）	乙種危険物取扱者免状を有し、かつ火薬類免状を有する科目免除申請者	1 類	1 法令	全部免除	0 問	5 問	35 分
		5 類	2 物化	全部免除	0 問		
			3 性消	一部免除	5 問		

〔備考〕 火薬類免状は、次の免状を意味します。
○甲種、乙種および丙種の火薬類製造保安責任者免状（火薬類取締法）
○甲種および乙種の火薬類取扱保安責任者免状（火薬類取締法）
※その他、丙種危険物取扱者試験の一部免除制度があります。詳細は、消防試験研究センターホームページでご確認ください。

6. 試験会場および試験日

試験は、都道府県ごとに行われています。試験日および試験回数も都道府県ごとに異なります。試験は、全国のどの都道府県でも受験できます。

7. 受験申込方法

申請方法は、「書面申請」（願書の提出による申請）と「電子申請」があります。電子申請は、消防試験研究センターホームページから可能です。書面申請のための受験案内、受験願書などは、消防試験研究センターの各都道府県支部などおよび消防署などで入手できます。

試験の詳細、問い合わせは消防試験研究センターへ
消防試験研究センター　ホームページ：
https://www.shoubo-shiken.or.jp/

●参考文献

『令和元年度版　危険物取扱必携（法令編）』（一般財団法人全国危険物安全協会）

『令和元年度版　危険物取扱必携（実務編）』（一般財団法人全国危険物安全協会）

『令和元年度版　危険物取扱者試験例題集乙種第四類 解説集付き』（一般財団法人全国危険物安全協会）

『令和元年度版　危険物取扱者試験例題集　甲種＋乙種第一・二・三・五・六類』（一般財団法人全国危険物安全協会）

『フォトグラフィックガイド　消防法の危険物』東京消防庁監修、東京消防危険物行政研究会編集、5改版（東京法令出版）

『らくらく突破　乙種第1・2・3・5・6類危険物取扱者　合格テキスト＋問題集　一部免除者用』飯島晃良（技術評論社）

『らくらく突破　甲種危険物取扱者　合格テキスト＋問題集』飯島晃良（技術評論社）

『ポイントチェックで最速合格！　乙4類危険物試験』飯島晃良（オーム社）

『実験を安全に行うために第8版』化学同人編集部編集（化学同人）

『総務省報道資料　平成30年中の危険物に係る事故の概要』

用語索引

英数

ア行

カ行

サ行

タ行

ナ行

ハ行

マ行

ヤ行

ラ行

■著者紹介

飯島　晃良（いいじま　あきら）　博士（工学）、技術士（機械部門）、甲種危険物取扱者

日本大学理工学部　准教授

大学において、高効率エンジンの燃焼研究を通じ、危険物取扱の実務にも従事。講義では、熱力学、内燃機関、エネルギー変換工学、伝熱工学、機械工学実験、機械設計製図などを担当。学外向けには、危険物取扱者試験の受験対策講師を担当。次世代内燃機関の研究により、日本機械学会奨励賞、自動車技術会浅原賞、日本燃焼学会論文賞、日本エネルギー学会奨励賞、SETC Best Paper などを受賞。

著書（抜粋）：

『らくらく突破甲種危険物取扱者合格テキスト＋問題集』技術評論社（2016）

『ポイントチェックで最速合格！乙４類危険物試験』オーム社（2017）

『らくらく突破乙種第12356類危険物取扱者合格テキスト＋問題集』技術評論社（2017）

『らくらく突破技術士第一次試験［基礎科目・適性科目］過去問題集』技術評論社（2020）

『はじめてでもよくわかる！図面の読み方』成美堂出版（2018）

●装丁　　　中村友和（ROVARIS）

●編集＆DTP　株式会社エディトリアルハウス

しくみ図解《ずかい》シリーズ

危険物取扱《きけんぶつとりあつかい》が一番《いちばん》わかる

2020年8月6日　初版　第1刷発行

著　者　飯島　晃良

発行者　片岡　巌

発行所　株式会社技術評論社

東京都新宿区市谷左内町21-13

電話　03-3513-6150　販売促進部

　　　03-3267-2270　書籍編集部

印刷／製本　加藤文明社

定価はカバーに表示してあります。

ISBN978-4-297-11464-0 C3058

Printed in Japan

本書の内容に関するご質問は、下記の宛先まで書面にてお送りください。お電話によるご質問および本書に記載されている内容以外のご質問には、一切お答えできません。あらかじめご了承ください。

〒162-0846

新宿区市谷左内町21-13

株式会社技術評論社 書籍編集部

「しくみ図解」係

FAX：03-3267-2271